墨菲定律

不可不知的生存法则

无脚鸟◎编著

山东人民出版社·济南

国家一级出版社 全国百佳图书出版单位

图书在版编目（CIP）数据

墨菲定律 ：不可不知的生存法则 / 无脚鸟编著. ——
济南 ：山东人民出版社，2019.10 （2023.3重印）
ISBN 978-7-209-12404-1

Ⅰ．①墨… Ⅱ．①无… Ⅲ．①成功心理－通俗读物
Ⅳ．①B848.4-49

中国版本图书馆CIP数据核字(2019)第227454号

墨菲定律：不可不知的生存法则

MOFEI DINGLÜ BU KE BU ZHI DE SHENGCUN FAZE

无脚鸟　编著

主管单位　山东出版传媒股份有限公司
出版发行　山东人民出版社
出 版 人　胡长青
社　　址　济南市市中区舜耕路517号
邮　　编　250003
电　　话　总编室（0531）82098914
　　　　　市场部（0531）82098027
网　　址　http://www.sd-book.com.cn
印　　装　三河市金兆印刷装订有限公司
经　　销　新华书店

规　　格　32开（145mm×210mm）
印　　张　5
字　　数　112千字
版　　次　2019年10月第1版
印　　次　2023年3月第3次
印　　数　20001-50000
ISBN 978-7-209-12404-1
定　　价　36.80元
如有印装质量问题，请与出版社总编室联系调换。

Contents 目 录

1 *Chapter 1*

突破思维定式，
认识真正的自我

上得山多终遇虎

墨菲定律注重可能性，包括小概率事件，强调事物的变化及不确定性。你做一件事第一次没出差错，第二次也没出问题，做多了，小概率事件就逐渐变成必然事件。"上得山多终遇虎"，指的就是这种情况。

在古代，环境还没有被破坏得这么厉害，山上有老虎是常有的事。尽管一只老虎的领地可达数平方公里，但它也不是天天在领地闲逛，所以，上一次山遇到老虎的概率也不高。但如果每天都上山的话，总有一天会倒霉的。

现在环境被破坏得严重，要"遇虎"，大概只能到动物园去了。但在现实生活中，因为心存侥幸而最终"遇虎"的悲剧却在不停地上演。比如：明明湖边的提示牌上写着：水深危险，请勿游泳！但总有人以为自己水性好、技术高，硬要下水。游一次没事，游N次依然没发生什么事，但第N+1次就溺水身亡了。

明明路口亮起了红灯，但还是有人趁着车还远，赶紧过马路，N次都没出意外，第N+1次发生了车祸。

明明不能酒后驾车，但还是有人觉得没有喝多、神志清醒、反应敏捷，倒霉的事不会摊在自己头上，酒驾了N次都没出事，第N+1次出事了。

明明偷窃别人的钱财是违法行为，第一次偷东西很害怕，第二次没那么怕了，直到第N次还是能逍遥法外，第N+1次终于被逮了个正着。

生活中这样的例子举不胜举，上得"山"越多，就越做越大胆，越来越肆无忌惮。总有一天，真的遇到了"虎"。

侥幸心理是酿成很多祸患的诱因、条件、根源。你可以狡猾地躲过"一万"，却难躲过"万一"；能够逃过今天，但逃不过明天。哲学家狄德罗说过："人生最大的错误，往往就是'侥幸'引诱我们犯下的，当我们犯下不可饶恕、无从宽释的错误之后，'侥幸'隐匿得无影无踪。而我们下一个拿不定主意的时候，它又光临了。"

其实，除了"上得山多终遇虎"之外，中国还有很多话都可以反映出这个墨菲定律，如："多行不义必自毙""常在河边走，哪有不湿鞋""常赶集没有碰不上亲家的"，还有《无间道》电影中的那句经典台词："出来跑，不论做过什么，迟早要还"，说的都是这个道理。

所以，在人生的道路上，我们应时刻谨记墨菲定律，这样我们将会少一点儿"遇虎"的后悔。而如果总是心存侥幸，墨菲先生就会跳出来惩罚我们。

事事如意的概率很低

有人认为，墨菲定律的描述太过绝对和悲观，缺乏科学依据，很容易被推翻。其实，这是一种误解。

墨菲定律乍一看的确绝对而悲观，这首先是由于东西方文化差异造成的，墨菲定律以一种西方特有的幽默调侃方式描述人、事、物，对西方语言风格不熟悉的人，自然会觉得太绝对，而熟悉西方文化的人，则会轻松意会其中的幽默和睿智。对于是否悲观，不同的人有不同的看法，尤其是对于阅历不同的人来说更是如此，对比后你会发现，你的人生经历越丰富，就越会觉得诞生于人类盲目乐观之中的墨菲定律具有普遍性。

一般来说，得出定律有两种途径：一是逻辑推理；二是经验归纳。墨菲定律遵从的是第二条途径。定律的产生不仅是它来源的科学性，还有它应用的有效性。换句话说，假如一条道理被归纳出来，同时被无数事实证明是有效的，也就可以称为定律了，而不必达到数学上的精确。

更何况，墨菲定律在很多情况下也经得起逻辑推理，就拿"风永远不顺着你的发型吹"这一条来说吧，除了美式幽默"永远"二字让人觉得太过绝对外，事实上，风真的很难顺着谁的发型吹。

众所周知，基本的风向有八种：东、南、西、北、东南、西南、东北、西北，从概率的角度来看，假如你面向一个方向不动，风只有12.5％的可能性正好顺着你的发型吹，相应的，它有

87.5％的可能性不顺着你的发型吹。

　　但实际上，除了这八种基本的风向外，还有若干种偏东、偏南、偏西、偏北的风向。举例来说，若用东和南组成一个九十度的直角，刚好平分这个直角的风叫东南风，而没有平分的风则叫偏南风或偏东风。从几何学常识我们知道，平分直角的射线只有一条，而不能平分直角的射线有无穷多条。也就是说，风向实际上远远不只八种，而是趋向于无穷种。

　　而且，人不太可能一直不动地面朝同一个方向。所以，现实中风顺着你的发型吹的概率实际上远远小于12.5％。即使某个时刻风刚好顺着你的发型吹了，由于它根本没给你造成任何烦恼，所以你可能一点儿也没留意到。

　　常常忽视如意之事而关注不如意之事，是人之通病。再加上顺着发型吹的概率本来就小，因此，"风不顺着你的发型吹"不仅是大概率事件，而且即使加上"永远"二字也并不显得有多么绝对。

　　人生在世，不仅要做发型，还有很多其他的事情要做，而决定一件事是否如自己所愿的因素，恐怕绝不止风向那么简单。所以，我国古代就有"叹人生，不如意事，十常八九"之说，这可以看作我国古代的"墨菲定律"。只是，我们的祖先比较严谨，没有说得那么绝对罢了。

　　在现实生活中，事事如意的概率很低，所以只可以作为祝愿和向往存在。当我们将生活中的种种不如意视若寻常，珍视如意之事，你的人生就会多一些欢笑和幸福。

"不大可能" 的事也会发生

生活中我们总能听到有人在说"不大可能"，在多数情况下，说"不大可能"的人不是在表明这件事的概率低，而是在委婉地表达"不可能"，或者给自己的侥幸心理打气，直到受到墨菲定律的惩罚。

遥想轰动全球的"泰坦尼克"号事件，大家都记忆犹新吧！当年的建造者曾宣称："这是一艘永不会沉没的轮船。"但结果呢！尽管泰坦尼克号发生碰撞的海域（东普罗维登斯）远离冰川密集区，"不大可能"撞上冰川，但它还是撞上了。也正是因为大家觉得"不大可能"甚至"不可能"，轮船上才配备那么少的救生艇。

其实，这条巨轮的灾难早就显现出了"预警"。

1898年，英国作家摩根·罗伯森写了一本名叫《徒劳无功》的小说。小说内容描写一艘命名为"泰坦"号的巨型邮轮，在处女航中，因海上大雾，触到冰山而最后沉没。故事情节还穿插了旅客的爱情故事以及生离死别的人间悲剧。14年后的1912年，英国建造了一艘名为"泰坦尼克"号的豪华邮轮，并于同年4月10日从英国出发横渡大西洋直驶纽约的处女航。不幸的是，这艘有史以来吨位最大、设备最完善的巨轮，在航行了4天后，居然和罗伯森小说中所描述的一样，因撞上冰山而沉没。

"泰坦尼克"号沉没的情节、过程与罗伯森笔下的小说如出一辙。不仅如此，二者还有众多的相似之处：小说中描写的"泰坦"号长度为243.84米，排水量为7.5万吨，有19个防水隔舱，3个推进器，航速25节，可以载客3000人，但只配备24只救生艇。"泰坦尼克"号的长度是268.83米，排水量为6.6万吨，有16个隔离的防水舱，3个推进器，航速23节，载客量为2224人，只配备了22只救生艇。

如果几件事里都可能出错，常常是那件危害最大的事出错。相似点是：两船出事后乘客伤亡惨重的原因都是因为船上的救生艇太少。

这是一个神奇的预言，同时也是一个值得重视的"预警"。难道"泰坦尼克"号的建造方、管理人员没有一个人看过这部小说吗？有这个可能，但更大的可能是，就算看过，他们也会认为小说里虚构的故事"不大可能"真的在现实中发生。大家都太大意了，认为"泰坦尼克"号是"永不沉没"的，船长对它太有信心，对自己也太有信心。其实，在"泰坦尼克"号前面的轮船已经发出了冰山预警，但高傲的船长并没有重视，仍然以最高速行驶，他认为凭着自己多年的航海经验，发现冰山后再转舵也可以避开冰山。然而，瞭望员并没有装备望远镜，发现冰山时，船体巨大的"泰坦尼克"号根本无法快速转弯。

也许有人认为，罗伯森的小说和前面船只发出的预警不是正式预警，那么，面对正式的预警就不会有人心存侥幸吗？

"泰坦尼克"号沉没之后，国际海冰巡逻组织就开始监控北大西洋地区的冰川状态变化，在冰川季的每天都会发布预警信息。但仍然有船只试图走捷径而驶入危险区域。2010年，就有一艘船不听预警而与冰川相撞，庆幸的是，它撞上的是一块小冰山，致使该船进入船坞大修，而无人丧生。

因此，我们任何时候都不要抱有侥幸心理，不要以为"不大可能"的事就不会发生。人生不会每时每刻都那么幸运，如果我们不知道吸取教训，早晚会被那块曾经侥幸绕过去的石头绊倒。

人生是一场智慧之战

人的一生会面临很多纠结的选择题，向左走还是向右走，这令人颇伤脑筋。有什么样的选择，就有什么样的人生。我们今天的现状是几年前选择的结果，今天的选择决定几年后的状况。很多人往往选择了不该选择的，放弃了不该放弃的，给自己的人生增添了很多烦恼。他们之所以做出错误的选择，往往是因为缺乏足够的判断力。

人生就是在一连串的判断下累积而成的，拥有正确且果断的判断能力，是一个人在竞争激烈的社会中所应具备的基本条件。可以说，人生的较量都是依据判断而进行选择的一场智慧之战。经验是一种在需要之前没有的东西。读万卷书，不如行万里路；行万里路，不如阅人无数。没有经历、体验过的东西，很难有真知灼见。

每个人最初都很难做出正确的判断，是因为我们没有那么多经历和体验；但如果我们在一次又一次的错误判断和痛苦经验中，吸取足够的教训，就能逐渐学会正确的判断方法，也就自然成为一个智慧的人。

1.经验能事半功倍，也能旧错添新错

"人非生而知之。"一个人不是生来就有经验的，而是经历了很多错误的判断和痛苦的体验之后逐渐积累而形成的。

经验能让人明白下次遇到同样的事情该怎么办，从中避免走

弯路，但也会让人犯机械教条的错误。因为，一切事物都是发展变化的，意外的情况时有发生，所以你不可能用经验避免所有的错误，如果过分依赖经验，囿于成见之中，不仅不利于创新，还会产生负迁移，甚至有可能犯下不可挽回的大错误。

一支登山队要攀登一座雪峰。登山前，队员们把食品、药物以及其他必备的登山器材都已准备妥当。登山队中有一位专家，他提醒负责人说："多带几根钢针。在寒冷的雪峰上，燃气炉的喷嘴很容易堵塞，需要用钢针疏通。"负责带钢针的是一位老登山队员，听了专家的话，他应道："好的。"但是，他并没有听从专家的建议，依然只带了一根钢针——经验告诉他：有一根钢针就足够了。

令人遗憾的是，这支登山队最终没有把脚印留在山顶上，所有的人都丧命于寒冷的雪峰上，关键的问题就出在要命的钢针上，那唯一的一根钢针在使用时一不小心折断了。

世界上没有一成不变的事物、一成不变的经验。经验如果运用得当，可以起到积极的作用，使我们避免很多错误，做事情事半功倍。但另一方面，经验也会使人们的思想僵化，在处理新事物或意外情况时又添新错。因此，生活中，我们要正确认识经验的作用，切莫掉入"经验"的陷阱。

2.如果事情还会更糟的话，它会的

人生的道路不会一帆风顺，每个人都会面临糟糕的情况。不要认为事情已经很糟了，墨菲定律告诉我们，没有最糟，只有更糟；只要事情还能更糟，它就有更糟的可能。

例如，美国第十六任总统林肯，他生下来就一贫如洗，9岁时母亲去世，15岁才开始读书；24岁时他与人合伙做生意，却因经营不善而倒闭，因此背负了15年的债；后来他再次经商，仍然是失败；他8次竞选8次落败；甚至精神崩溃。好在，林肯没有放弃追求，终于在1860年当选为美国总统。但他刚当上总统不久，南北战争就爆发了。他在初期的战争中屡战屡败，最终成功统一了美国，再次当选总统，不料在福特剧院看戏时被人刺杀。

　　面对种种磨难，情况是否会变得更糟糕，也许取决于难以捉摸的命运，但最终能否取得成就，也和一个人面临困难和挫折时所采取的人生态度有很大的关系。不错，林肯的一生都在经历着糟糕的境遇，而且似乎越来越糟，但他没有选择退缩和自暴自弃，而是奋起拼搏，继续前进，因而他改写了美国的历史，最终成为最伟大的总统之一。

成功需要在各个环节上做准备

墨菲定律发展到今天已经出现了众多的变体，"每件事都进展顺利，一定是哪里出了问题"就是其中之一。它告诫人们，当事情进展顺利时，要虑及可能发生的风险和问题。如果面临顺利的事情，就自我感觉良好，觉察不到内在问题的积累和外在的环境变化，最终将导致危机的到来。

迄今为止，人类历史上最惊心动魄的太空成就，莫过于美国。翻开美国的航天史，大家可以看到，从1958年美国成功发射第一颗人造卫星，到1969年首次把两名宇航员送上月球，并安全返回地球，几十年来美国在航天方面已创造了众多历史纪录，可以说是一切顺利。

当一切都朝一个方向进行时，最好朝反方向看一眼。"挑战者"号航天飞机在升空73秒后爆炸，7名宇航员全部罹难。

这次的空难使美国人接受了教训，此后美国宇航局暂停了航天飞机发射任务。直到1988年才再次走上正轨。接着，航天事业又有了新的成就，创造了很多世界纪录。

然而，顺境中又出现了波折。2003年"哥伦比亚"号又重演了"挑战者"号的悲剧，在返回地面的过程中于空中解体，7名宇航员无一生还。

任何事物的发展都会遇到一些问题，由于前期的周密计划和谨慎行事，这些问题会被处理掉和弱化掉，这样，事情就获得了成功；但随着成功次数的增加，人们往往会在一帆风顺中逐渐忽视顺利之中隐藏的小问题，直至大问题的产生和爆发。

人生也是如此，不管你是多么幸运的人，在做事顺利时，都不要沉迷于成功的喜悦而对其中的小问题视而不见。如果今天看上去完美的话，明天将是终结，因为你没有发现完美之中已经产生的问题。成功需要在各个环节上做准备，下力气，只有居安思危、常备不懈、未雨绸缪，才能避免功败垂成。

不要将生命浪费在会后悔的事情上

生命不是无限的，短短几十年不过是弹指一挥间。生命的短暂，容不得我们任时光无声地滑过。但墨菲定律告诉我们，人往往会浪费生命，而且是浪费在一定会后悔的事情上。

就拿游戏来说吧！在紧张的工作和学习过后，适当玩玩游戏，可以放松心情，减缓压力；但是，如果不加节制，久溺网络游戏，不仅会给家庭带来沉重的经济负担，同时也是对自己生命的严重浪费。迷上网游的人，会有回到现实生活中的痛苦情绪和自我否定的消极体验，这促使其再次回到游戏中，以逃避现实，不愿承担其应有的责任。如果不从游戏的束缚中解脱出来，后果将不堪设想。

据报道，一对韩国夫妇因沉迷互联网游戏，导致自己3个月大的亲生女儿被饿死。韩国警方证实，这对夫妇在婴儿死前，泡在韩国水原市的一家网吧打网游。他们所沉迷的这款游戏是风靡全球的韩国奇幻游戏《守护之星》。在这款游戏中，这对夫妇需要悉心照顾一位外表酷似人类小女孩的生命体。在照顾这个虚拟宝贝的同时，他们竟将自己3个月大的亲生女儿独自留在家中直到饿死。

现实生活中，迷恋游戏，酿成悲剧甚至犯罪的事例数不胜数。人生短暂，面对游戏，我们一定要把握好自己的行为，不要把时间浪费在一定会后悔的事上。

　　当然，有的人不迷恋游戏，却迷恋赌博……这同样是一种浪费生命的行为。

　　人活着要清楚自己想要什么，生活应当有明确并且专一的目标，要抛弃那些妨碍自己的琐事，不要把时间和精力投入到没有意义的事情上。与其把生命浪费在一定会后悔的事上，还不如多关心一下对你重要的事。

"愚蠢"的创造力无所不能

在大多数人的眼中，"愚蠢"是一个令人厌恶的词语，人们对于它总是见而避之，尽可能地使自己远离它。然而，事实上，每个人的骨子里都有愚蠢的成分，每个人也都有愚蠢的时候。

马克在一条公路上看到一场车祸，那不是一般的车祸，是一对年轻夫妻吵架，因一时气愤将不足周岁的小孩扔到车窗外，等他们停下车想回去捡小孩时，扔出去的孩子已经被后面疾驰的车辆碾压，已无生命迹象。

一位叫帕罗的47岁中年人，他和老婆在深夜两点开车瞎逛时感觉很无聊，于是点了一包炸药想扔出窗外看看会怎样。很遗憾他们看不到了，因为车窗没打开。

不要觉得他们可笑，其实我们在生活中也会时不时地干出蠢事，比如在慌乱时、在自尊心受到挑战时、在生气争吵时，甚至在无聊时。

一生中，任何人都难以避免不落入愚蠢的状态，特别是在年轻的时候，这都是人之常情，情有可原。况且，从上述的案例中我们领教了"愚蠢"的创造力是多么强。在这么强大的愚蠢力面前，个人的心智和理性显得太羸弱。

偶尔的愚蠢并不可怕，可怕的是常常愚蠢，甚至无休止地一直愚蠢下去。所以，我们要尽量保持理智，即使不能摆脱愚蠢，至少也要努力减少愚蠢。

Chapter 2

如果有可能出错，就一定会出错

心理学上的"瓦伦达心态"

生活中我们常常遇到这样的事：怕什么来什么。在面对一些重要人物或关系重大的事情时，人们常常害怕出差错，结果是越害怕，往往越会出差错。

这条墨菲定律被无数事实所证明，在体育、文艺比赛中，在考试、竞选、竞聘时，因过分看重成败反而"砸锅"的事屡见不鲜，这在心理学上被称为"瓦伦达心态"。

瓦伦达家族也许是世界上最伟大的高空杂技演员世家。20世纪70年代早期，70多岁的卡尔·瓦伦达说，在他看来，生活如同走钢丝，一切都是机会和挑战，对此人们赞叹不已。他那种专心致志于目标、任务和决策的能力令人钦佩不已。但几个月以后，在没有安全网的情况下，瓦伦达在波多黎各的圣约安市中两个高层建筑之间进行高空走钢丝表演时，不幸坠落身亡。他在掉下时手中仍紧紧抓着平衡杆。他曾一再叮嘱他的家庭成员不要把杆扔下，以免砸到下面的人，他用自己的生命实践了自己的话。

事后，瓦伦达的妻子痛心地说："我料定他这次一定出事，因为他在上场之前，总是念念不忘地念叨着：这次演出太重要了，我只能成功，不能失败。在这之前的历次演出中，他只关心走钢索本身，其他事情毫不考虑。而这一次，他太重视演出的成败了，所以出了事。"后来，心理学家把那种过分担心事态的结局，内心充满了患得患失的心态叫作"瓦伦达心态"。

美国斯坦福大学的权威人士通过一项研究得出科学结论：人大脑中的某一想象图像会刺激人的神经系统，把假想当作真实情况，并为此做出努力。譬如，当一个高尔夫球运动员在击球之前，担心自己把球打进水里，他就一再告诫自己：千万不要把球打进水里去。这样，在他的大脑中便会自然出现一幅"球掉进水里"的清晰图像。其结果往往像是墨菲先生在有意开玩笑，击出的球果然就掉进了水里。这项试验从另一个方面证实了"瓦伦达心态"确有其事。

可见，在事关重大的事情中，放松自己，保持一颗平常心是多么重要！如果把成败得失看得过于严重，拿得起，放不下；赢得起，输不起，总是考虑这，顾虑那，时时处于紧张、忧虑、恐惧、烦躁的状态中，这怎么可能把事做好呢？只有精神轻松、情绪稳定，才能发挥出最佳水平，最终获得满意的结果。

即使你不怕，也可能发生

很多人都知道，越是害怕糟糕的事情发生，越是有可能成真；于是有人就说，那我不害怕，就不会发生了吧？对此，墨菲定律告诉我们：即使你不害怕，也可能发生。

在这个世界上，有太多的事情是我们所不能控制的，我们所能做的，只能是用平和的心态去面对和接受它，而不是为之担忧和害怕。

莎拉·伯恩哈特是19世纪和20世纪初最有名的法国女演员。她很懂得如何去适应那些不可避免的事实。后来，她在71岁那年破产了——所有的钱都损失了，而她的医生，巴黎的波兹教授在此时也告知她必须把腿锯掉。事情是这样的：

她在横渡大西洋的时候碰到了暴风雨，摔倒在甲板上。她的腿伤得很严重，还染上了静脉炎，腿痉挛，剧烈的痛苦使医生诊断她的腿必须要锯掉。这位医生有点怕把这个消息告诉脾气很坏的莎拉。他相信，这个可怕的消息一定会使莎拉产生剧烈的情绪波动。

可是他错了。莎拉看了他一阵子，然后很平静地说："如果非这样不可的话，那就只好这样了。"

当她被推进手术室的时候，她的儿子站在一边伤心地哭泣。她朝他挥了挥手，高高兴兴地说："不要走开，我马上就回来。"

在去手术室的路上，她一直背诵着她演过的一出戏里的几句台词。有人问她这么做是不是为了提起自己的精神，她说："不，是要让医生和护士们放松些，他们受的压力可大得很呢。"当恢复健康后，莎拉·伯恩哈特依然继续环游世界，使她的观众又为她痴迷了7年。

当事情既已发生或者必然要发生的时候，我们除了接受以外，别无他法。害怕、抗拒、愤怒不能解决任何问题，只能使事情变得更糟。而当我们不再反抗那些自己无法控制的事情后，我们就能节省下精力，创造出尽可能丰富的生活。

要什么不来什么

与"怕什么来什么"相对的是"要什么不来什么"。

为什么越想得到越得不到？主要有三个原因：

第一，人们总是注意到自己失去了什么。和"怕什么来什么"一样，由于强烈地想得到，失去了平和的心态，导致不仅无法正常发挥，而且还差错不断，甚至弄巧成拙，最后无法得到想得到的结果。

第二，"得之者鄙，失之者珍"的心态在作怪。比如，很多人渴望身体健康，结果总是疾病缠身。其实，这些人之所以会产生这些渴望，往往是因为他们已经在不知不觉中意识到了自己不健康，所以越来越关注、越来越渴望。相反，一个身体非常健康的人，就没有这些渴望，因为他们已经拥有了。这种心态很普遍，所涉及的领域也很广泛，诸如在恋爱、婚姻、家庭、职业等方面，人们常常对那些拥有的东西不屑一顾，却对那些失之交臂的东西分外珍惜。

第三，被禁止所激起的好奇心驱动。心理学上有个"潘多拉效应"，其名称来自一个古希腊神话。神话中说，宙斯给一个名叫潘多拉的女孩一个盒子，告诉她绝对不能打开。"为什么不能打开？还要'绝对'？里面该不是稀世珍宝吧？"潘多拉越想越好奇，就越想揭开真相。憋了一段时间后，她终于把盒子打开了。谁知盒子里装的是人类的全部罪恶，结果让它们都跑到人间了。心理学把这种"不禁不为、越禁越为"的现象，叫作"潘多拉效应"或"禁果效应"。通俗地说，就是人们对越是得不到的东西，就越想得到；越是不好接触的东西，就越觉得有诱惑力；越是不让人知道的东西，就越想知道。

　　知道了"要什么不来什么"的原因，我们即使不能战胜这条墨菲定律，起码也能活得明白，尽量防止事与愿违现象的发生。

心理失衡会造成不良心态

有些时候，糟糕的境遇会喜欢上你，各种麻烦跟你形影不离，你到哪里它就跟到哪里，生活变得一团糟，你的心情完全像"乌云遮日"一样阴暗。

那么，为什么会产生这种接二连三交背运的状况呢？虽然其中有巧合的因素，但更重要的原因是由于心理失衡造成的不良心态所引起的。

在心灵科学中，有一个著名的吸引力法则：遇到麻烦的人，如果把注意力放在了目前的麻烦事上，那么他吸引的将是与前面的麻烦频率相一致的事物。比如，疾病、灾祸、死亡等。而这些麻烦又让他们的思维更加处于逆流之境，又吸引更多的麻烦！如此恶性循环，无休无止。除非他们能调整心态，扭转思维。

其实，中国的古人早就发现了这个规律，"祸不单行"就是最具代表性的说法。实际上，祸未必不是单行，只是一旦灾祸来临，人的情绪容易恍惚不安，对祸的感受也更加敏感，更容易引起别的连锁的灾难，甚至平常觉得不是什么灾祸的事你也会感觉是灾祸了。

心理学知识告诉我们，生活中存在各种"麻烦"，如工作压力、家庭不和、环境变化、财物丢失、生死离别等，都会打破原有的心理平衡，使人的心态处于消极和悲观之中。

当你有了烦恼时，世界的一切都变得不好了。在这种心态下，人便会心不在焉，或缺少理智，因此，就相对容易出错或发生事故，所以，正如墨菲定律所说，人一旦遇到麻烦，就很容易给自己再添麻烦。

因此，当我们遇到麻烦后，首先要客观对待，遇到问题就事论事，找到造成问题的真正原因，养成分析问题、解决问题、终结问题的习惯。其次是学会控制自己的情绪，及时调整自己的心态，并培养临危不乱、镇定自若的心理素质。

不要以为自己什么都能改变

人们常说：笑一笑，明天会更好。事实上，有些事情我们永远无法去改变，不管你是哭还是笑，面对那些已经发生和即将发生的事，我们都显得那么无能为力。

任何人有再乐观的人生态度，再长远的打算，甚至是有千秋万代之宏愿与美梦的古代帝王天子，其命运也是多灾多蹇，有的甚至不堪一击。在死亡面前，人人平等；在灾难面前，人人脆弱；在宇宙面前，人人渺小。

正如刘一平在《夜游莱茵湖》一文中所说的，在宇宙的恢宏、精妙的结构和神秘的演变面前，人类实在太渺小、太脆弱。完全可以这么想象，在宇宙的眼中：人类自视为力拔山兮的壮举不过是行蚂蚁之力，无数"伟大"的发明创造只是雕虫小技，一次次发动厮杀得天昏地暗、山崩地裂的战争，充其量也就是一群蚁虫在拳打脚踢，在无边无际的天体中荡起一粒尘埃而已。

即使是对自己的命运，人类能改变的东西也很少。无论是哭还是笑，你都不能改变自己的出身、血型、种族、衰老和死亡。人生是不完美的，有些事实无论我们采取什么态度都无法改变，有些灾难不管我们多么聪明都无力抗争，有些缺陷无论我们怎么努力都无法弥补。

人生充满戏剧化，天灾、人祸、病痛是我们生命历程中不可预知的因素，谁也不知道明天会发生什么，这是客观规律。不要总是寄希望于明天，明天也未必比今天好。

当然，这并不是说我们的态度不能改变任何东西，墨菲定律只是在提醒人们，不要盲目乐观和妄自尊大，以为自己什么都能改变。

面对不可改变的东西，哭泣和抱怨自然于事无补，示以微笑也未必能使明天变好。一方面，人类能用态度改变的东西并不多；另一方面，即使是那些能改变的东西，如果只是笑一笑而不去努力行动，明天也不会变好。

所以，对于无法改变的，我们要坦然地接受，而不是怨天尤人或做徒劳的抗争；对于能改变的，不仅要微笑着面对困难，而且要抓住今天，脚踏实地地去克服困难，以争取更好的明天。

规划的美好前景未必不会出现变故，如果没有今天，计划的明天就会落空。今天的努力，就是为了更好的明天。明天的前途，取决于今天努力的结果。只有把握好今天，才能收获明天，才能坦然面对纷繁芜杂的尘世。

不要抵制突破现有的心理舒适区

很多人都明白心态的重要性，于是在看过一些书籍或听到一些朋友的忠告后，就想改变自己的某些不良心态。但到真去改变时人们会发现，那些能让自己变得好起来的改变会令自己感觉很别扭；而那些会让自己变得更糟的改变，则很容易接受。

人是惯性的动物，天性喜好避苦趋乐，我们有意或者无意地贪恋自己的心理舒适区。

什么是心理舒适区？所谓"心理舒适区"，是人感到熟悉、驾轻就熟时的心理状态。生活中，当我们面对新挑战，需要做出的改变超出了原先的模式，内心会从原本熟悉、舒适的区域进入到紧张、担忧，甚至恐惧的"压力区"。很多人面对"压力区"会选择退回来，而如果只在心理舒适区进行改变，人就容易接受。

然而，既然容易接受的改变在心理舒适区之内，那么，这种改变就没有突破性。不仅如此，它还常常会强化不良心态。

要想祛除坏心态拥有好心态，就要记得墨菲定律，不要抵制突破现有的心理舒适区。当你硬着头皮坚持下来，你会惊喜地发现，你付出的一切都是值得的，因为你的心灵成长了，生活又开启了一片新的天空。

悲观者更能做出正确决策

乐观主义是指一种对一切事物采用正面看法的观念是悲观。乐观的人不会想到一件事的缺点与瑕疵，永远以正面的想法去对待身边的一切。

许多人认为乐观比悲观好。其实，悲观的心态未必会导致乐趣全无和失败的人生。悲观主义者比乐观主义者更能够欣赏世界，因为他们不期待发生好事，所以如果有一次普通的成功，也会让他们感到惊喜。

悲观主义者一般对即将进行的事做最坏的打算，抱最低的期望。因此，如果情况真是如预想的那样糟糕，也不会受到太大的打击。这使悲观主义者表现出很强的承受能力。他们在失败之后，仍然能总结教训，从头再来。这可以帮助悲观主义者养成坚持不懈的行为模式，让他们的生命看似柔弱，实则坚韧，而且易于从挫折中成长。

实际上，悲观主义者往往比乐观主义者更易取得成功。心理学研究表明，在对类似赌博实验的成功概率进行预测时，悲观者预测的数据较之乐观者要准确得多。因此，悲观者更有可能做出正确决策。

美国心理学家诺伦做了许多研究来探讨乐观和悲观的问题，她发现悲观主义者由于抱着很低的期望，所以会"逐一检视所有可以想象到的后果，然后花很多时间和心力在脑子里预演各种可能的状况，直到很清楚需要做好哪些准备，才能成功"。"通过这种周密的心理排练，悲观主义者可以未雨绸缪，为各种可能的结果预先规划和演练，控制感也会大为增强。"在优胜劣汰的自然和社会环境中，未雨绸缪的危机感是人类以及其他动物赖以生存的心理基础，它能帮助人们获得较高的成功率。

虽然看起来乐观有益身心，但盲目的乐观往往会忽视现实，把人世看得太简单，把事情看得太容易，以致深陷懒惰懈怠，喜苟安，宽身心，不知盘根错节，艰难困苦，甚至处于覆巢积薪之下，做了釜底游鱼，还恬然自得，不知危惧。所以，一旦遭遇挫败，往往会受到很大的打击。而结果像乐观主义者预想的那样顺利或成功之时，也不会有什么惊喜，因为这是意料之中的事。

3

Chapter 3

坏情绪会传染，
但也可以被管理

失败是迈向成功的铺路石

在人生的道路上，很多人有着远大的目标。可是当他们选择了所追求的目标之后，是否准备好了去实现它的毅力？因为目标的实现光靠聪明是远远不够的，还必须培养不怕输的心态。不怕输，结果未必能赢。但是怕输，结果则一定是输。

人可以被打倒，但是被打倒后能够站起来，就是一种自我的超越和精神的升华。面对失败的重创，可以坦然待之，厚积力量重新开始。这样的人即使被打倒，也永远都不会被打败。可以被打倒，但一定要站起来。因为只要你站起来的次数比倒下去的次数多，哪怕一次，那就是成功。

中途放弃比继续前进确实要轻松容易得多。但是，退却是没有成功可言的。实际上，对大多数人来说，面临的最大敌人往往就是自己，他们总是怕输，进而用减少尝试，或者用根本就不尝试的办法去避免失败。

当你失败时，要对过去的失误保持正确的哲学观。其实，我们所经过的每一次失败，都是迈向成功的铺路石，它或者为我们前进的道路扫除了障碍，或者告诉我们这是一条弯路，需要绕行。如果能将自己的失败看成是很有价值的投资，带上这笔财富继续开始下一轮的挑战，那这段经历就会成为人生中不可磨灭的亮点。因为这些失败能教会我们太多的东西，让我们变得更加成熟，而且成功都是经过了若干挫折和痛苦的失败后才获得的。

不要因忙碌而忘记梦想

这条墨菲定律是大多数人的真实写照。遥想当年，青春年少时，我们每个人都心怀自己的梦想。有的人梦想成为像爱迪生一样的发明家，有的人梦想成为备受瞩目的好莱坞明星，有的人则梦想成为政客、作家、亿万富翁、建筑师、设计师……但现代社会生活节奏日益加快，竞争压力也越来越大，在匆匆忙忙、周而复始的生活里，人们感叹"现实迎面而来，梦想抱头鼠窜"。

一个每天营营役役的男人也许已经忘记了他曾经梦想成为一名长跑运动员。他现在连上楼梯都喘气，每天只会计算赚了多少钱。

一个两子之母年少时的梦想是成为舞蹈家，在谈恋爱和结婚后，她就忘记了她的梦想。生了孩子之后，她有更多借口不跳舞。如今，她的腰围比胸围还大，已经舞动不起来了。

人可以没有美好的生活，但不能没有美好的梦想。无论梦想是大是小，是尊贵还是卑微，它都是每个人心中最崇高的向往。黎巴嫩诗人、画家纪伯伦说得好："我宁可做人类中有梦想和有完成梦想的愿望的、最渺小的人，而不愿做一个最伟大的、无梦想、无愿望的人。"我们都拥有自己不了解的能力和机会，都有可能做到未曾梦想的事情。

其实，不管你的梦想是大是小，是俗是雅，只要它不是邪恶的，那么怀揣美好梦想的人就是幸福的，那些通过努力实现梦想的人更让人羡慕和敬仰。

我们要为了梦想而忙碌，不要因为忙碌而忘记了梦想。每个人都应该珍惜自己的梦想，不要随意丢弃、轻易放弃，将它遗忘在岁月的角落里不理不睬，任厚厚的灰尘封住那四射的光芒。大家都打算做事，大家也都做了，可是没有几个人做的是他当初打算做的事。

专心只做一件事就好

忙忙碌碌是一种病，病根就在于目标太多。美国一位著名心理学家认为："现代人之所以活得很累，心理很容易产生挫折感和种种焦虑，甚至不快，是因为迷失和被淹没在各种目标中。"

目标是我们人生的目的地。有了一个明确的目的地，就有了方向，也就可以心无旁骛，就不会把金子般的光阴浪费在无关宏旨的事情上。但是，如果一个人的目标太多，难免要四处奔走，疲惫不堪。

墨菲定律认为，人对生活的迷失都是所要或所想的太多，而又一时达不到目标造成的。

一个人的精力是有限的，把精力分散在好几件事情上，不是明智的选择，而是不切实际的考虑，因为在通常状况下，这几件事情都不会做得很好。而如果每次我们专心地只做好一件事，精力便能够集中，也必定有所收益。

狮子追赶猎物时，会盯紧前面的目标穷追不舍，即使身边出现其他猎物，距离更近，它也不会改换目标。难道狮子的视野不开阔吗？难道狮子不想得到很多个猎物吗？不是的，狮子追赶猎物，不仅是速度的较量，也是体能的较量，只要盯紧前面的目标，当猎物跑累了，很可能成为狮子的美餐。如果狮子改换追击目标，新猎物体能充沛，跑得更快，更持久，捕获的可能性更小。

如果目标太多的话，只会令你眼花缭乱，筋疲力尽，最后失去目标。因此，我们得坐下来，把它们都写在纸上，逐个分析它们，问自己的内心：你真正想要的是什么？什么才是你人生中最主要的？慢慢地，你会找到自己最想要也最适合自己的目标。然后，将其他的目标删掉，别再胡思乱想偏离正确的人生轨道。

改造世界的直接动力是行动

　　有梦想、有目标，做起事来才能有方向，而对于如何追逐梦想、实现目标，制订一套切实可行的计划也是必需的。但有了良好的愿望和合理的计划不能将它们束之高阁，而要有实际的行动。

　　人有两种基本能力：思维能力与行动能力。没有达到自己的目标，往往不是因为思维能力，而是因为行动能力。只有行动才能产生结果，只有行动才是成功的保证。任何远大的目标、科学的计划，最终必须落实到行动上才能起作用。

　　本杰明·笛斯瑞利曾说："虽然行动不一定能带来令人满意的结果，但不采取行动就绝无满意的结果可言。"在这个世界上，改造世界的直接动力是行动，而不是想法。不管我们心中的想法多么美妙，只有通过行动才能够变成现实。

　　有个笑话相信很多人都知道。

　　有一个人每隔三两天就到教堂祈祷，而且他的祷告词几乎每次都相同。第一次他到教堂时，跪在圣坛前，虔诚地低语："上帝啊，请念在我多年来敬畏您的份上，让我中一次彩票吧！阿门。"

　　几天后，他又垂头丧气回到教堂，同样跪着祈祷："上帝啊，为何不让我中彩票？我愿意更谦卑地来服侍你，求您让我中一次彩票吧！阿门。"

又过了几天，他再次出现在教堂，同样重复他的祈祷。他如此周而复始，不间断地祈求着。到了最后一次，他跪着说："我的上帝，为何您不垂听我的祈求？让我中一次彩票吧！只要一次，让我解决所有困难，我愿终身奉献，专心侍奉您……"

就在这时，圣坛上发出一阵宏伟庄严的声音："我一直垂听你的祷告。可是，最起码你也该先去买一张彩票吧！"

路不行不到，事不为不成。幻想仅需用大脑去构思，梦想则需用行动去追求。只有走进丛林，才能呼吸缕缕绿色空气；只有涌入海洋，才能体验阵阵蓝色清凉；只有翱翔蓝天，才能抚摸朵朵白色浪漫。想要成功，必须谨记这条墨菲定律，放弃空想，立即行动起来，朝着自己的目标前进。

敌人恰恰是你最好的帮手

在我们的生活中，多多少少都会有几个阻拦我们进步的敌人。他们在我们原本顺畅的人生路上下绊子，在我们的功绩上抹黑；他们暗中操纵，时刻准备给你致命一击。但是往往就是因为这些人，我们才更加的奋发向上，孜孜不倦。

墨菲定律告诉我们，人生不可没有敌人。令人厌恶的敌人，恰恰就是你的最好帮手。

曾读过这样的故事：有人见到草原上的鹿被狼吞食的惨状，就把狼全部消灭了。结果鹿群繁殖过快，草地啃没了，鹿群疾病丛生，面临着灭绝的危险。一个聪明的生物学家，建议重新引进狼。在狼的追逐、吞食中，鹿重新跑起来，鹿群身体逐渐恢复健康，优胜劣汰，使鹿群数量减少，草地重新恢复，鹿群整体灭亡的危机安然度过。

没有天敌的动物往往最先灭绝，有天敌的动物则会逐步繁衍壮大。敌人只在两种情况下攻击，你有准备的时候和你没有准备的时候。大自然中的这一现象对人类社会也同样适用。人，都有一种与生俱来的惰性。只有克服这种惰性，人们才能获得成功。那么是谁帮助我们克服了它的阻碍呢？是的，正是我们的敌人，无时无刻不在威胁着我们的敌人。

或许每个人都不希望有一个强大的对手，但是每个人却又不得不拥有一个强大的对手。感谢你的敌人吧！正因为他们的存在，才使我们有了危机感，使我们变得越来越强大。

感兴趣的路未必是适合的路

兴趣，是指人对事物的特殊认识倾向。人生的成功和个人兴趣紧密相连，做自己真正有兴趣的事情会离成功更近。从心理学角度来讲，兴趣是人的需要的心理表现，它使人对于某些事物优先给予注意，并带有积极的感情色彩。兴趣起源于个体的需要，在社会实践中形成，这种内在的个体心理倾向可以在人的心理和行为中发挥积极作用，使你长期专注于某一方向，做出艰苦的努力，取得令人瞩目的成绩。

所以，人都说兴趣是最好的老师，然而，墨菲定律指出，即使最好的老师也免不了有一些差学生。兴趣主要起到黏合剂和催化剂的作用，如果一个人对某件事非常感兴趣却不擅长，他的兴趣再高也很难成功。

感兴趣的路，未必就是适合自己走的路。现实生活中，不少人只顾做梦，常常忽略了对自己的审视，不注重对自己的综合素质进行分析和论证，而后找一条最有利于发挥自己潜质的道路。

我们不否认兴趣对成功的积极作用，但也不要认为有兴趣就能成功。假如你很想成为量子物理学家但天生对数学木讷，假如你非常向往成为一个外科医生但一看到血就会晕倒，最好另做打算。否则，兴趣这个最好的老师就会多一个差学生。

生命就是不断选择与放弃的过程

要想获得成功，必须执着，坚持自己的人生目标，永不放弃。但这是有前提的，只有目标是正确的，是适合自己的，坚持下去才会取得胜利。如果像这条墨菲定律所说，梯子搭错了墙，那就不要坚持爬到梯子的顶端了。

在这个世事难料的世界，种种的原因都可能会制约着其梦难圆。对于那些错误的目标，该放手的时候就要明智地放开手。明知道这是一条走不通的死胡同，却还要继续往前走，面对的也许只有痛苦与浪费。

人生的过程，就是一个不断选择与放弃的过程，固执地"一条道走到黑"并不明智。放弃并不适合自己的目标，转向适合自己走的那条路，你的生命才可能获得它的最大值。

很多时候，年轻时我们并不知道自己想要的是什么，只觉得很美好，等到撩开神秘的面纱，才发现不是自己想要的。也或者，我们知道自己想要什么，但由于各种因素的影响，我们选择了"曲线救国"，用一生的时间走曲线以期达到原来的目标，然而等到最后，蓦然发现，自己选择了一条错误的路，不知不觉地在追求的道路上慢慢偏离了初衷，渐行渐远，直到最后与年少时的梦想分道扬镳。

选择正确的方向，往往比跑得快更重要。莱纳斯·波林说："一个好的研究者知道应该发挥哪些构想，而哪些构想应该放弃，否则，会浪费很多时间在差劲的构想上。"其实不仅是研究者，我们每个人都应该记住这句话。

可是，当大多数人走过了职业生涯一大段路程以后，才开始问自己，这件事能成功吗？

无论目标是否正确，我们一旦开始就要花费很多时间。人的时间是有限的，在有限的时间内，应及时确立目标，反省目标，对于错误的选择应及时纠正，审慎地做出正确的判断。毫无疑问，我们不应轻言放弃，因为成功常常孕育在再坚持一下的努力之中。但是，有些情况是你已经付出了最大的努力，却未取得理想的结果，这就需要我们认真考虑一下：如果选定的方向并不适合自己，就需要早点从"梯子"上下来，把"梯子"架到正确的"墙"上去。这时就不要再抱怨自己好不容易才到达梯子的顶端。

忘记昨天，松绑自我

人人都想成功，不想失败。当我们成功的时候，总是想让尽可能多的人知道，最好全世界的人都知道，因此，即使已经有不少人知道了，我们仍然觉得"不为人知"；而当我们失败的时候，总是想让尽可能少的人知道，最好没人知道，所以，即使只有区区几个人知道，我们仍然觉得"众目睽睽"，已经传到千里之外了。

其实，不管是不为人知还是众目睽睽，不在于客观而在于主观，不在于别人的眼光而在于自己的心态。

在这个世界上，许多人喜欢拿昨天和今天来比较，让自己沉迷于过去的成绩，或是笼罩在过去失败的阴影中。这无疑是作茧自缚。

为此，我们应该学会让自己的内心归零，忘记昨天，松绑自我。归零，意味着珍惜今天，走好脚下的路；归零，意味着畅想明天，迎接新的曙光。

及时归零，才不会在成功后背上沉重的包袱。只有把过去的"光辉"归零，才能避免思维固化、谨小慎微、循规蹈矩，甚至是抱残守缺，从而适应新环境，接受新事物，创造新成绩，实现新突破。只有把过去的"成绩"归零，才不会沾沾自喜、忘乎所以、自我膨胀，才能以平常心对待已有的成绩，把原来的成功当成新的起点，瞄准新的目标，挖掘新的潜力，洞察新的机会，攀登新的高峰。

　　及时归零，才不会在失败面前低头。对于失败，遭遇一次，相信不少人都会坚强地站起来。但如果屡遭失败，或许就会有人逃避退缩、有人自我怀疑、有人意志消沉、有人抱怨不公，有的甚至是"一朝被蛇咬，十年怕井绳"，失去了面对困难的勇气，最后被失败彻底击溃。这些人与其说是被失败击溃了，还不如说是缺乏归零心态而被自己不良的心理击败。面对失败，我们应敢于在心理上藐视它，将其统统归零；在行动上重视它，冷静分析、找出症结、制定对策，然后以轻松的心情开始新的尝试，昨天的烦恼和失败就会很快如过眼云烟飘散而去，迎接自己的将是成功的喜悦。

　　总之，及时归零是一种人生智慧。越是归零，人生越是丰富多彩。及时归零并不是一味地否定过去，而是要怀着否定或者放空过去的态度，融入新的环境，对待新的事业、新的事物。

4

Chapter 4

墨菲定律与连锁反应

协调作战的重要性

1.一手烂牌也能打好

恩格斯讲过一个法国骑兵与马木留克骑兵作战的例子：假设骑术不精但纪律很强的法国兵，与善于格斗但纪律涣散的马木留克兵作战。若分散而战，3名法兵战不过3名马木留克兵；若100人相对，则势均力敌；而1000名法国兵必能击败1500名马木留克兵。

实际上，恩格斯讲述的就是协调作战的重要性。虽然马木留克兵与法国骑兵各有长短，但在不同的要素组合下，最终的整体功效还是有着决定胜负的天壤之别。

其实，类似的故事在我国古代早已有之。"田忌赛马"的故事大家耳熟能详。虽然田忌的三匹马比齐王的都稍逊一筹，但由于孙膑采取的配置方法不同，结果转败为胜。孙膑也因为这次合理配置资源而得到齐威王的重用，得到更宽广的用武之地。可见，权衡利弊，合理配置资源的智慧对一个人的发展有多么重要。

从某种意义上来说，经济学就是关于资源配置的学问，研究人与社会如何做出最终合理抉择，即用最少的资源耗费，生产出最适用的商品和劳务，获取最佳的效益。人的欲望是无限的，但用于满足欲望的资源是有限的，所以，决定用什么资源去满足哪些欲望，就是资源配置问题。资源配置的实质是权衡取舍，即在取舍之间实现利益的最大化。

苏联研制生产的米格—25喷气式战斗机，以其优越的性能而广受世界各国青睐。然而，众多飞机制造专家却惊奇地发现：米格—25战斗机所使用的许多零部件与美国战机相比要落后得多，而其整体作战性却能达到甚至超过美国等其他国家同期生产的战斗机。造成这种现象的原因是，米格公司在设计时从整体考虑，对各零部件进行了更为协调的组合设计，使该机在升降、速度、应激反应等诸方面反超美机，成为当时的世界一流。

米格—25飞机因组合协调而产生了意想不到的效果，这一现象被后人称为"米格—25效应"。"米格—25效应"具体是指，事物的内部结构是否合理，对其整体功能的发挥关系很大。结构合理，会产生"整体大于部分之和"的功效；结构不合理，整体功能就会小于结构各部分功能相加之和，甚至出现负值。

合理配置资源的情况随处可见，每个人都会面临各种各样的选择，生活就是在不断地"权衡取舍"。我们只有买一套衣服的预算，但同时看中了两套各具特色的衣服，究竟选择哪一套？我们攒了一笔钱，准备添置新的家具，是买一套组合柜呢？还是买一台录像机？大学快毕业了，我们是攻读研究生继续深造？还是去工作赚钱？……做这些决策的过程其实就是"权衡取舍"的过程。有所得，必有所失。正因为这样，我们在做权衡时才会感到为难。

但在选择的过程中，也有一些规律可循：人们会清楚地认识到自己面临的选择约束条件，尽可能让自己付出的代价最小化；每个人都会自然地做出趋利避害的决策，选择可让自己得到利益最大化的选项。

通常情况下，每个人都希望自己手头的资源越多越好，优秀资源越多越好，这样的话，就可以付出很小的成本而获得很大的收益。

2.不打错牌好过拿到好牌

成功不关乎经历与资本，而关乎如何将自身的"烂牌"或"好牌"合理利用。我们每个人也都希望自己天资聪慧、优秀卓越，就像每一个厨师都希望自己有天下最好的食材一样。然而，好料并不一定就出好菜，更多时候，我们还得看厨师的手艺，也就是将资源最优化配置的过程。自幼出众的人有可能早早就江郎才尽，而没有过人天资的普通小孩，甚至先天有缺陷的自卑儿童，最终却有可能是成大业者。

很多时候，我们可能会遇到这样的情形：觉得所有的问题都接踵而至，于是，开始晕头转向，觉得为什么自己的运气会这么差呢？

其实在这种情况下，我们更需要慎重地走好每一步，在走每一步之前都要经过深思熟虑，只要不走错路，一切问题都能迎刃而解，自己的前途一样是一片光明。因为，牌局中不管你手中的牌是多么的令人不满意，如果你每次出牌都经过深思熟虑，确保不打错牌，其实胜过拿到一手好牌却招招失误！

做任何事情既要勤奋刻苦，也要开动脑筋想办法。傻瓜喜欢速战速决，他们不顾障碍，行事鲁莽，干什么事都急匆匆的；有时候尽管判断正确，却又因为疏忽或办事缺乏效率而出差错；在遇到难题的时候，不是积极主动地寻找方法，而是默默地待在那里，等待时间去自行解决。但是智者却不会这样，他们绝不会冲动地选择放弃，在他们眼里，放弃是最错误的做法，只要想方设法开动脑筋，深思熟虑，找到最合适的出牌法则，那些很多被认为是根本解决不了的问题同样可以解决。

稻盛和夫被日本经济界誉为"经营之神"，他所创办的京都陶瓷公司，是日本最著名的高科技公司之一。该公司刚创办不久，就接到著名的松下电子的显像管零件U形绝缘体的订单。这笔订单对京都陶瓷公司的意义非同一般。

但是，与松下做生意绝非易事，商界对松下电子公司的评价是："松下电子会把你尾巴上的毛拔光。"对新创办的京都陶瓷公司，松下电子虽然看中其产品质量好，给了他们供货的机会，但在价钱上一点儿都不慷慨，年年都要求降价。对此，京都陶瓷有一些人很灰心，因为他们认为：我们已经尽力了，再也没有潜力可挖了，再这样做下去的话，根本无利可图，不如干脆放弃算了。但是，稻盛和夫认为：松下出的难题确实很难解决，但是，屈服于困难，也许是给自己未足够的挖潜找借口，只有积极主动地想办法，才能最终找到解决之道。

于是，经过再三摸索，公司创立了一种名叫"变形虫经营"的管理方式。其具体做法是将公司分为一个个"变形虫"小组，作为最基层的独立核算单位，将降低成本的责任落实到每一个人身上。即使是一个负责打包的员工，也知道用于打包的绳子原价是多少，明白浪费一根绳子会造成多大的损失。这样一来，公司的运营成本大大降低，即便是在满足松下电子苛刻条件的情况下，利润也甚为可观。

有些问题的确很棘手，想了许多办法，仍无法解决。于是，有人便认为"已是极限"，或是"已经尽力"，再去努力也是白搭。当你真正经过一番努力奋斗后，就知道所谓"难"，其实只是自己的"心灵桎梏"。解决问题的关键不在于问题本身，而在于我们没有解开自己的心结、在于我们没有用心去"想"。不怕问题困难，就怕不主动找方法。就好像一把锁总有一把对应的钥匙，每一个问题都会有解决的办法，而这把解决问题的钥匙，就在我们自己身上。

方法大师吴甘霖先生在讲座中经常提及发生在自己身上的一个故事：

一次公司放年假，吴先生准备给每位员工的妈妈买份礼物。他走进公司附近一家著名药店的分店，看中了一种补血剂，没想到只剩下两盒了，离他要求的数量还差很多。"能不能到总部进点货？"他跟售货员商量，售货员回答说："上报，到舱，第三天才能送货。"可员工们下午就要回家探亲了，吴先生着急地问："能不能快一点儿呢？"售货员们都摇头。吴先生又鼓励他们："想想办法吧，一定能解决的。"这时，一位姓王的女售货员说："我们可以试试给附近的其他分店打个电话，看他们有没有货。如果有的话，我们先向他们借，三天后再还。"打过电话后，问题迎刃而解，他们将几个分店的货凑起来给了吴先生。

这虽然是件小事，但也充分说明：只要努力想，就一定有办法解决问题。

在面对一个难解的问题时，一句"没办法"，似乎让我们找到了可以不去想办法的理由；也正是一句"没办法"，浇灭了很多创造之花，阻碍了我们前进的步伐。

是真的没办法，还是我们根本没有好好动脑筋想办法？事实上，只要积极地开动脑筋，主动地寻找方法，用一种灵动多变的思考方式、一种随机应变的智慧去分析判断问题，就没有解决不了的问题。

所以，我们要开动脑筋，走好每一步，才能够让坏牌变成好牌！资源好不好，关键看利用。我们无须抱怨上天给我们的太少，我们能做的，就是将手上所有的资源——青春、才华、学识、相貌、人脉，以最佳的方式配置好。

3.合适的牌就是好牌

这个世界上的万物都有各自的归属——不论是美的还是丑的，高的还是低的。正如，每一对恋人无论因为什么原因而分开，都只是说明他们不适合在一起。在冥冥之中，那个适合你的一直在等你，你和她终于相遇，之后牵着彼此的手一直走下去。世界上不是看着好就真的好，合适的才是最好的，就像幸福就是猫吃鱼，狗吃肉，奥特曼打小怪兽，各有所需。

有这样一个故事：

有两只老虎，一只在笼子里，一只在野地里。在笼子里的老虎三餐无忧，在野地里的老虎自由自在。两只老虎经常进行交谈。笼子里的老虎总是羡慕外面老虎的自由，外面的老虎却羡慕笼子里老虎的安逸。一口，　只老虎对另一只老虎说：“咱们换一换。”另一只老虎同意了。

于是，笼子里的老虎走进了大自然，野地里的老虎走进了笼子。从笼子里走出来的老虎高高兴兴，在旷野里拼命地奔跑；走进笼子的老虎也十分快乐，它再不用为食物而发愁。

但不久，两只老虎都死了。一只是因饥饿而死，另一只是因忧郁而死。

从笼子中走出的老虎获得了自由，却没有同时获得捕食的本领；走进笼子的老虎获得了安逸，却没有获得在狭小空间生活的心境。

许多时候，人们往往对自己的幸福熟视无睹，总觉得别人的幸福很耀眼。他们想不到，别人的幸福也许对自己不适合；更想不到，别人的幸福也许正是自己的坟墓。

这个世界多姿多彩，每个人都有属于自己的位置，有自己的生活方式，有自己的幸福，何必去羡慕别人？安心享受自己的生活，享受自己的幸福，才是快乐之道。

你不可能什么都得到，你也不可能什么都去做，所以，你还要学会放弃不切实际的想法。只有学会放弃，学会知足，才能更好地把握快乐、享受幸福。

静谧的非洲大草原上，夕阳西下。一头狮子在沉思：明天当太阳升起时，我要奔跑，以追上跑得最快的羚羊。此时，一只羚羊也在沉思：明天当太阳升起时，我要奔跑，以逃脱跑得最快的狮子。当太阳升起时，狮子发现了羚羊，但追了半天也没追上。别的动物笑话狮子，狮子说："我跑是为了一顿晚餐，而羚羊跑却是为了一条命，它当然跑得更快了。"

是的，无论你是狮子还是羚羊，当太阳升起的时候，你要做的就是奔跑，不管是为了晚餐，还是为了生命。每个人的目的都不相同，重要的是选择适合自己的方向。

所以，对于每一个人，乃至于一个企业来讲，都有一个最适合自己的发展路线，只要沿着这条路线一直走下去，就会离成功越来越近。

成本与收益并不总是正比递增

1.付出并非越多越好

"一分耕耘，一分收获"，但是在现实生活中，往往并不是这样，投入成本与收益的不对等，才是现实世界中的真相。在生活中，我们常常会发现边际效益递减的情况。比如，在农业生产中，随着肥料的增加，农产品的产量先是递增，当达到一个浓度后，再增加肥料，农产品的产量是递减的。如果肥料太多就会把庄稼都烧死，最后连种子都收不回来。

对每个人来说，当然希望效益越多越好，但是，并不是生产要素投入越多，效益就越多。投入太多的成本，结果往往令人失望，因为成本与收益并不总是正比递增的。

当把一种可变的生产要素投入到一种或几种不变的生产要素中时，最初这种生产要素的增加会使产量增加，但当它超过一定限度时，增加的产量就会递减，最终还会使产量绝对减少。这一现象普遍存在，被称为边际效益递减规律。

"一个和尚挑水吃，两个和尚抬水吃，三个和尚没水吃"的故事，就是对边际效益递减规律最生动的写照。

根据边际效益递减规律，边际产量先递增后递减，递增是暂时的，而递减则是必然的。边际产量递增是生产要素潜力发挥，生产效率提高的结果，而到一定程度之后边际产量递减，则是生产要素潜力耗尽，生产效率下降的原因所致。

那么，如何把握生产要素投入的"度"呢？简单来说，当一次新增的成本投入不能带来更长远的更大利益时，这样的成本投入就应该放弃。这样做，我们能以最小的成本获得最大的收益。

在现实生活中，投入多少成本才能获得最佳收益，往往取决于个人的实际情况。其实，这个世界上不是什么人都能把握好度的。有的人从几只鸡开始，发展成为养殖大王；有的人投资数百万元养殖家禽，最终却亏本。把握好成本与收益的关系，不仅与个人的素质相关，还跟个人生存的环境和社会因素有关，如家庭出身的因素，所在地区的大环境、政策限制以及倾斜等软环境。

一个人在饥寒交迫的时候，得到一把米，能解决他的生存问题，他自然会感激不尽。不过，如果继续给他米，那么这个人就会觉得理所当然，慢慢变得心安理得。

我们第一次接触到某事物时情感体验最为强烈；第二次接触时，会稍淡一些；第三次，会更淡……长此以往，我们接触该事物的次数越多，我们的情感体验也越淡漠，一步步趋向乏味。这就是边际效益递减。

一个人做一件好事并不难，难的是一辈子都做好事。生活里我们经常会遇到这样的事，当第一次帮助了某人，他会对你心存感激；第二次帮助他的时候，他的感恩心理就会淡化；数次之后别人甚至将你的付出当成是理所当然的事，一旦他所期望的帮助没有出现，反而对你心存怨恨。

2.广告边际效益递减

我们每天都要接触无数的广告。比如，电视、网络、手机里的广告以及室外建筑上挂的海报、街道两边的横幅、公交车身上的海报等，令我们眼花缭乱。此外，广告商们还通过许多其他渠道无孔不入地渗入我们的生活。可是，许多商家和广告商都不得不意识到广告的边际效益是递减的。

如果广告效果越来越差，也许，商家和广告商就该反思，是不是发生了边际效益递减。

事实上，广告的边际效益递减存在很多种情况，每种情况下的原因、表现、发展都各有不同。那么在什么情况下会出现广告效果边际效益的递减呢？通过分析，主要存在以下几个方面：在一个新兴的行业里，广告的效果要比一个已经相当成熟的行业的广告效果好得多。因为在成熟的行业，广告的边际效益受到递减的次数，要比一个新兴的行业多得多。像学习用品好记星，当年用4天的时间掀起了一个市场的关注热潮。但近几年来经过好记星、E百分、诺亚舟等诸多品牌铺天盖地的广告轰炸，观众的目光和注意力已经被瓜分殆尽，如今，几乎没有哪个新产品可以重现好记星当年的辉煌了。

但是，为了赢利，厂家和商家是不会对这种情况坐视不理的，他们纷纷推陈出新，以期望吸引观众的眼光，让观众再一次获得新鲜体验。商家可以利用某些概念和认识让消费者感觉他们的产品和目前市场上的产品截然不同。这方面的成功例子可谓不少，如七喜汽水将自己定位为"非可乐"饮料获得了成功，成为营销史上的经典。五谷道场诉求自己是"非油炸食品"和七喜有着异曲同工之妙，虽然后来遭到了同行业的不满、攻击和投诉，但"非油炸"这个概念和品牌已深深植入购买者的头脑中。

为什么新的品类能够改变广告的边际效益递减呢？比方说，一个行业最初的广告边际效益是100，经过一段时间后递减到50，假如在这个时机进入那个行业，那么你的广告边际效益就从50开始递减。但如果开发了一个新的品类呢，哪怕不能达到最开始的100，也极有可能达到90。

电视上曾一度流行过年给父母送一瓶保健酒之类的极度渲染煽情的广告，感觉不买它送父母，儿女就不孝顺。当时的广告效果不错，但是一旦观众对此类广告见惯，那么边际效益就会递减，广告商也就只能放弃这种风格的宣传。幽默的广告在今天效果较好，这是因为不同的、成功的幽默广告就像小品，以不同的故事、情节、语言给人带来了愉悦感，这是一种创新，正是这种创新在不断抵消着广告边际效益的递减。

3.健康是创造一切的资本

小李大学刚毕业，在找工作的过程中不断碰壁，心灰意冷。面对人才市场的激烈竞争，小李觉得自己没有任何优势，整日愁眉苦脸。

一天，爷爷看到唉声叹气的小李，便问："你现在年纪轻轻的，怎么一天到晚无精打采的？"小李郁闷的心事正要向人诉说，于是就把找工作的经历告诉了爷爷，最后还感慨一句："我的资本再雄厚一点儿，就不至于这样了！"

"资本，你需要什么样的资本呢？"爷爷对小李的感慨很有兴趣。小李回答道："找工作的资本，如名校文凭、各种等级证书，最重要的是钱。有了这些资本，我就不愁找工作了。"

爷爷听完小李的抱怨，笑着说："那我现在给你一百万，让你变成我这样的老头，你愿意吗？"小李很惊讶，不过他很快拒绝："我还有好多理想没有实现，还有好多人生乐趣没有感受过！"爷爷又追问道："那再给你一百万，让你的身体得一种疾病呢？"小李想了想，再一次拒绝了。

爷爷依然微笑着说："好，如果再多给你一百万，让你成为一个植物人，不用再思考和烦恼了，你答不答应？""不行。"小李坚定地摇了摇头。

在一系列追问后，爷爷问小李："那你现在算一算，刚才有几个一百万已经成为你的资本了？"

小李听完爷爷的话，一下醒悟过来。原来小李的苦恼只在于学历、金钱等有形资本，而没有看到自己拥有年轻、健康这些宝贵而无价的资本。

西方有一句俗语："无知和疾病之外，再无贫穷；学问和健康之外，再无富裕。"可惜，现在大多数的年轻人没有认识到这一点。"年轻时拿命换钱，老了之后拿钱换命"竟成了被"工作狂"接受的"真理"，甚至有人说："不趁着年轻多加加班，怎么为以后看病攒钱。"

经济学将健康也定义为一种商品，需要投入成本，也有收益。健康的投入成本因人而异，包括日常保健、休息和锻炼的时间，还包括个人医疗的花销。

有投入就有产出，正如爷爷和小李说的，健康是创造财富的资本，同时，健康还能带来舒适和快乐。身体健康的人，往往比身体不健康的人更容易获得快乐；而精神健康的人，有较好的自我调适能力和人际关系处理能力，心情愉快的时候会比精神不健康的人多。

美国科学家富兰克林曾说过："空的袋子站不直。"没有健康身心的人，就像一个空袋子，价值是不值一提的。无论你想要财富、爱情还是美貌，首先，请做好自己的健康投资。

知识和技能是一种人力资本

1.个人的价值

人力资本是指劳动者受到教育、培训、实践经验、迁移、保健等方面的投资而获得的知识和技能的积累，亦称"非物力资本"。由于这种知识与技能可以为其所有者带来工资等收益，因而形成了一种特定的资本——人力资本。

秦朝末年，农民战争中，韩信投奔项梁军，项梁兵败后归附项羽。他曾多次向项羽献计，却始终未被采纳，于是，他离开项羽投奔刘邦。有一天，韩信违反军纪，按规定应当斩首，临刑时他看见汉将夏侯婴，就问道："难道汉王不想得到天下吗？为什么要斩杀壮士？"夏侯婴因韩信所说不凡、相貌威武而下令将其释放，并将韩信推荐给刘邦，但并未获得重用。后韩信多次与萧何谈论时局，为萧何所赏识。刘邦至南郑途中，韩信思量自己难以受到刘邦的重用，于是中途离去，被萧何发现后追回，这就是"萧何月下追韩信"。此时，刘邦正准备收复关中，萧何就向刘邦推荐韩信，称他是汉王争夺天下不能缺少的大将之才，应重用韩信。刘邦采纳萧何的建议，选择良辰吉日，斋戒，设坛，拜韩信为大将。从此，刘邦文依萧何，武靠韩信，举兵东向，坐拥天下。在刘邦夺取天下的过程中，人才发挥了巨大的作用。

古往今来，人才的作用都是举足轻重的。人才，不仅是经济范畴的概念，还有其社会性、文化性和政治性。从经济学的视野来观察人才，或许有助于对人才的决策选择。在现代经济学中，决定个人竞争力的知识和技能被认为是一种人力资本。

人力资本比物质、货币等硬资本具有更大的增值空间，特别是在后工业时期和知识经济初期，人力资本具有更大的增值潜力。因为作为"活资本"的人力资本，具有创造性，具有有效配置资源、调整企业发展战略等市场应变能力。对人力资本进行投资，对GDP的增长具有更高的贡献率，因为人力资本的积累和增加对经济增长与社会发展的贡献远比物质资本、劳动力数量增加重要得多。美国在1990年的人均社会总财富大约为42.1万美元，其中，24.8万美元为人力资本的形式，占人均社会总财富的59%。其他几个发达国家，如加拿大、德国、日本的人均人力资本分别为15.5万美元、31.5万美元、45.8万美元。

概括起来，人力资本理论主要有以下内容：

（1）人力资源是一切资源中最主要的资源，人力资本理论是经济学的核心问题。

（2）教育投资应以市场供求关系为依据，以人力价格的浮动为衡量符号。

（3）在经济增长中，人力资本的作用大于物质资本的作用。人力资本投资与国民收入成正比，比物质资源增长速度快。

（4）人力资本的核心是提高人口质量，教育投资是人力投资的主要部分。不应当把人力资本的再生产仅仅视为一种消费，而应视同为一种投资，这种投资的经济效益远大于物质投资的经济效益。教育是提高人力资本最基本的手段，所以也可以把人力投资视为教育投资。生产力三要素之一的人力资源，显然还可以进一步分解为具有不同技术知识程度的人力资源，高技术知识程度的人力带来的产出明显高于技术程度低的人力。

2.吃苦是资本，也是财富

有人问一位著名的画家，跟随他习画的那个青年将来会不会成为一个大画家？他回答说："不，永远不会！他没有生存的苦恼，他每年都会从家里得到好几万元资助。"这位艺术家深深知道，人的本领是从艰苦奋斗中锻炼出来的，而在财富的蜜罐中，这种精神很难发挥出来。

翻开历史可以知道，各行各业的成功人士，在早年往往都是贫苦的孩子，成功的人大多是从艰难困苦中走过来的。大商人、教授、发明家、科学家、实业家和政治家大多是为了提高自己地位而努力向上的人。

成功是排除困难的结果，伟人都是从同困难的斗争中产生的，不经过艰难挫折的拼搏而想要锻炼出能耐，是不可能的。

一个生长于优裕环境中，时常依附于他人而无须靠自己的努力挣饭吃、自小被溺爱、习惯于躲藏在父辈羽翼下的年轻人，很少能具有大本领。富家子弟与穷苦少年相比，就像温室中的幼苗一样，只有那些经受风雨洗礼的大树，才能看见更加蔚蓝的天空。

日本教育界有句名言："除了阳光和空气是大自然的赐予，其他一切都要通过劳动获得。"许多日本学生在课余时间都要去参加劳动挣钱，大学生勤工俭学的现象非常普遍，就连有钱人家的子弟也不例外。他们靠在饭店端盘子、洗碗，在商店售货，在养老院照顾老人或做家庭教师来挣自己的学费。在孩子很小的时候，父母就给他们灌输一种思想——"不给别人添麻烦"。全家人外出旅行，不论多么小的孩子都要背上一个小背包。别人问为什么，父母说："他们自己的东西，应该自己来背。"

学会吃苦，你才不会在困难和逆境面前乱了阵脚，无助哀叹；学会吃苦，能够让你在奋斗的路上多一份坚韧，多一些从容。然而，曾几何时，我们早已将吃苦精神丢弃一旁，我们习惯于依赖别人，等着别人为我们搭好桥、修好路，再牵着我们的手慢慢通过。

殊不知，没有受过寒流的抽打，就不会感受到阳光的温暖；没有经历过沙漠的干热，就不会体会到绿洲的清爽。

苦，可以折磨人，更可以锻炼人！吃下这个"苦"字，会使你的生命力更加强健，让你的人生更加灿烂、辉煌。

多一点儿吃苦精神吧！因为，吃苦的经历是我们成长的养分，吃苦是一种资本，更是一种财富！

3.提高自己的硬实力

随着竞争的加剧，人力资本所表现出来的作用也越来越明显。经济学家舒尔茨曾说，人的知识、能力、健康等人力资本的提高对经济增长的贡献远比物质、劳动力数量的增加重要得多。在美国想要找一份好工作，在很大程度上会受到你的教育水平与经历的影响。受教育的程度越高，个人经历与阅历越丰富，在其他条件相同的情况下，你就会比别人更容易获得一份好工作。比如，普通员工没有职业律师收入高，主要是因为两者在人力资本投资上的极大差别所致。培养一名律师需要5～10年的专业学习时间，而培养一名普通员工一般只要1~2个月。用于学习手艺或接受培训的时间及货币财富共同构成了人们进行人力资本投资而支付的全部机会成本。正是由于这种投资，人们在单位时间的生产率才会得到提高，正是生产率的提高，才使雇主愿意雇用他，并为他付出较高的报酬。

人力资本投资对职业生涯的发展具有非常重要的作用。在现代高速发展的信息社会，进行人力资本的投资就是要增强自身的核心竞争力，以便在激烈的市场竞争中获得更多资源，让自己具备更大的升值空间。

年轻、健康、智慧……这些人力资本的重要构成部分是金钱换不来的，这些资本的存在，可以帮助一个人成就他自己。

对于一个人而言，要成功就一定要好好利用自己的资本，不断地发掘自己的内在潜力，并努力使这些潜力发挥出更大的能量，从而使自己的职业生涯更加辉煌。

找到解决问题的最高效方法

1.合理安排出效率

面对许许多多要完成的任务，均做到面面俱到，似乎会让人分身乏术，应接不暇。与其如此，不如树立起全局观念，将所要做的事情都安排到一个合理的系统中，而不去过分拘泥于每一个细节。

有时，如果我们从全面的观点看问题，做到统筹兼顾，可能会在有限的时间内取得更多的效用。

一家公司在招聘时，用了一种独特的方式，只给面试者出了一道题。只要回答得能令领导满意，就可以直接录用。考试题目是这样的：

在一个暴风雨的晚上，你开车经过一个车站。有三个人正在等公交车，一个是快要死去的老人，很可怜；一个是医生，他曾救过你的命，是你的大恩人；还有一个女人（男人），她（他）是你的梦中情人，错过也许就没有了。但你的车里只能再坐一个人，你会如何选择？

所有的面试者看到题目都情不自禁地觉得难以取舍。这真是太难选择了。因为见死不救、知恩不报或者错失真爱都是让人难以接受的。于是，答案五花八门，答成什么样子的都有。最后，在两百名应征者中，只有一个人被雇用了。他的回答是："给医生车钥匙，让他带着老人去医院，而我则留下来陪我的梦中情人一起等公交车。"

之所以这个面试者能从两百名应征者中脱颖而出，关键在于在他运用了套裁理论。在经济领域，不仅要学会做事，更要学会高效率、科学合理地做事，运用套裁效应，既能够顾全大局，又能够把工作分出轻重缓急，条理分明。唯其如此，才可以在有限的时间内，高效率地完成更多的工作。

考虑问题的时候不能只局限在单个问题上，还要将问题放在一个系统中去考量，不仅要有纵向的分析，还要有横向的比较。这样才能找到解决问题的最高效方法。

2.应用套裁效应出效率

套裁效应因其广泛的应用，已成为一种具有方法论意义的理论。它不仅可以应用到工程的实施、企业的管理，还可以应用到人们的生活中。

士兵李强在部队的年度考核中，一举夺得瞄准手专业第一名。但是，他发现在后来的训练中，无论怎样努力，他的成绩总是止步不前。其他战友纷纷劝道："瞄准手既要精确装定表尺和分划，又要迅速操作火炮高低和方向，可谓一心不可二用，你的成绩已经达到了极限，不可能再有新的突破了。"战友的质疑并没有让李强停下探索的脚步。一次，他在图书室翻阅杂志时，看到一个人可以一手画圆圈、一手画方块的有趣故事，突然产生了灵感。他将"一心二用"运用到瞄准手训练中，一次次地尝试，但一次次地失败。

经过三个月的反复练习，他把瞄准手双手操作技能变成一种本能反应，实现了"数据装定与火炮操作同步进行""居中气泡与排除空回一步到位"，创造了瞄准手装定改装的最佳成绩，比规定的优秀成绩提前了49秒。

李强在瞄准方面刷新成绩的关键，在于他运用了套裁效应。他们所要完成的任务看似矛盾，但只要合理地规划，是没有什么完不成的。

幸福就是效用和欲望的比较

1.幸福的方程式

有一个穷人，他和妻子、几个孩子共同生活在一间小木屋里，屋里整天吵闹不休，他感到家里就像地狱一般。于是，他便去找智者求救。智者说："只要你答应按我说的去做，就一定能改变你的境况。你回家去把奶牛、山羊和鸡都放到屋里，与人一起生活。"穷人听了，简直不敢相信自己的耳朵，但他事先答应要按智者的话去做，只好试一试再说。

情况自然是更加糟糕，穷人在痛苦不堪中过了两天。

第三天，穷人又来找智者。他痛不欲生，哭诉着说："那只山羊撕碎了我房间里的一切东西，鸡飞得到处都是，它们让我的生活如同噩梦，人和牲畜怎么能住在一起呢？"智者说："赶快回家，把它们全都赶出屋去。"

过了半天，穷人又找到智者。他是一路跑来的，满脸红光，兴奋难抑。他拉住智者的手说："谢谢你，我现在觉得我的家就是天堂了！"

穷人把寻求幸福的方法寄托在智者身上，智者并没有让穷人的处境有任何改观，只是让穷人经受了一段时间更深重的痛苦后感受到了幸福。事实上，一个人生活得幸福与否，从来没有一个恒定的标准。在更多情况下，幸福是一个人在现实生活中的感受，是与先前的生活、与周围人生活的一种比较。

美国经济学家保罗·萨谬尔森提出了一个关于幸福的方程式：幸福=效用／欲望。

简单说，幸福就是效用和欲望的比较。效用是人消费某一种物品时得到的满足程度，欲望则是对某一种物品效用的强烈需要。比如，金钱能够给人带来效用，每个人都有发财的强烈欲望，当一个人赚到钱后，他就有一种幸福感。根据这个公式，如果两个人的财富欲望水平相等，都是10万元，那么赚了5万元的人就比赚了2万元的人感觉幸福。但是，如果赚5万元的人的欲望是10万元，赚2万元的人的欲望是2万元，那么赚了2万元的人虽比赚了5万元的人穷，但比赚5万元的人感觉更幸福。如果欲望超过了效用，幸福感就会消失。

现代经济学认为，财富仅仅是能够给人带来幸福的因素之一，人们是否幸福，在很大程度上还取决于许多与财富无关的因素，如感情、健康、精神等。一些社会学家和经济学家通过大量的调查研究发现，美国人拥有的财富比欧洲人多，但是美国人的幸福指数却并不比欧洲人高。一般来说，人往往越是缺少什么，什么就越能够给他带来幸福。重病中的人恢复健康，游子回到魂牵梦萦的家乡，其幸福的感觉是无法比拟的。

幸福感还和与周围人的比较有关。例如，一个人虽然买了一套属于自己的房子，和以前租房住相比有了很大的改观，但是他的朋友都住在别墅里，所以房子给他带来的效用可能仍然很小，他的欲望得到满足的程度很低，所以他的幸福指数也小。但是，如果他住的是别墅，而他的同事朋友住的都是普通楼房，他可能就会感到非常幸福。所以我们常会用"知足常乐""比上不足，比下有余"来安慰自己。

2.激励能产生幸福

东汉末年，曹操率领部队去讨伐对手。当时正值夏季，天气炎热，到中午时分，士兵们汗流浃背，行军的速度明显慢了下来，有些体弱的士兵甚至出现昏厥的症状。

曹操看着行军的速度越来越慢，担心贻误战机，心里很是着急。可是，部队缺水，速度很难加快。于是，曹操叫来向导，悄悄问他："这附近可有水源？"向导摇头道："水源在山谷的那头，还得翻过这个山头，路程可不近。"曹操知道，士兵们很可能支撑不了那么久。他看着前边的树林，沉思了一会儿，对向导说："你什么也别说，我有办法。"

曹操纵马赶到队伍的最前面，用马鞭指着前方说："士兵们，去年我曾征战路过此地，前面有一大片梅林，那里的梅子又大又好吃，我们加紧赶路，翻过这个山头就能看到梅林了！"此言一出，士兵们精神大振。想到梅子带来的酸甜感觉，士兵们受到了极大的激励，步伐不由得加快了许多。

目标带来激励，激励影响成就，而成就决定着价值感的产生。获得的成就越大，我们拥有的价值感就越强；而价值感的拥有，会给我们带来真正的幸福。从这个意义上来说，激励是幸福之源。人们为什么喜欢嗑瓜子，而且一旦嗑起来就会持续下去，这也是源于激励：因为每嗑开一粒瓜子，人们马上就会享受到一粒香香的瓜子仁，这是对嗑瓜子人的即时回报。在这种即时回报的激励下，人们会继续嗑下一粒瓜子。

作为经济学的重要原理之一，激励现象存在于人们的任何决策和行为之中。就个人而言，根据行为科学理论，只有尚未满足的需要才有激励作用，已经满足的需要只能提供满意感。需要本身并不能产生激励，对满足需要的期望才真正具有激励作用。

美国哈佛大学教授威廉·詹姆斯通过研究发现，在缺乏激励的环境里，人们的潜力只能发挥出20%，而在良好的激励环境中，同样的一个人可以发挥出其潜力的80%，甚至100%。可见，无论在什么样的环境里，一个人要想获得成就，必然离不开激励。

当我们因为一个小小的成就而尝到甜头、受到激励时，我们会做出更大的成就，激励会使我们在追求成功的道路上形成良性循环，而幸福感就在循环中不知不觉产生了。

3.物欲盛，心难静

从前，有一个非常富有的国王——米达斯，他拥有的黄金数量之多，世上无人可比。尽管如此，他仍认为自己拥有的黄金数量还不够多。他把黄金藏在皇宫下面的几个地窖中，每天都在那里待上很长时间清点自己的黄金。

有一天，米达斯国王又来到他的藏金屋。

"你有许多黄金，米达斯国王。"一位不知什么时候进来的陌生人说道。

"对，"国王说道，"但与全世界所有的黄金相比，那又显得太少了！"

"什么！你并不满足吗？"陌生人问道。

"满足？"国王说，"我当然不满足。我经常夜不能寐，想方设法获得更多的黄金，我希望我摸到的任何东西都能变成黄金。"

"那么你将实现你的愿望。明天早晨，当第一缕阳光透过窗子射进你的房间时，你将获得点金术。"陌生人说完便消失了。

第二天米达斯国王醒来时，房间里晨光熹微。他伸手摸了一下床罩，什么也没有发生。"我知道那不是真的。"他叹了口气。就在这时，清晨的阳光透过窗户射进房间，米达斯国王刚才摸的床罩变成纯金的了。"这是真的，是真的！"他兴奋地喊道。

他跳下床，在房间中跑来跑去，见什么摸什么。他穿着的长袍、拖鞋和屋里的家具都变成金子了，就连他平时最爱看的书也全都变成金子了。

就在这时，一个仆人端着吃的东西走了进来。"这饭看起来非常好吃，"他说道，"我先吃那个熟透了的红桃子。"不料，他刚把桃子拿到手中，还没有尝到什么滋味，它就变成金子了。这时，房门开了，小马丽格德手里拿着一支金灿灿的玫瑰花走了进来，眼里噙满了泪水。为了安慰自己的女儿，他拥抱她，亲吻她。但他突然痛苦地喊了起来，女儿那漂亮的脸蛋变成金灿灿的金子，双眼什么也看不到，双唇无法吻她，双臂无法将她抱紧，她不再是一个可爱的、欢笑的小女孩了，她已经变成一尊小金像。

米达斯低下头，大声哭泣起来。

物欲太盛造成病态的灵魂，使精神永无宁静，心灵也永无快乐，这是受到贪欲人性捆绑的后果。正如故事中的国王一样，即使手中已有大量的黄金，他仍不满足。自从学会点金术后，凡他手可触及的地方，无论是什么东西，包括他的爱女，均变成金的了。

　　在一个完全物化的世界里，人性被欲望绑架，由此失去了弥足珍贵的快乐和自由。在欲望的海洋中，如果不能摆脱人性的贪婪，幸福就褪去了原本的色彩。

5

Chapter 5

没有绝望的环境，只有绝望的心态

转化压力为动力

1.背负压力，你会跑得更快

1860年，美国总统大选结束后几个星期，有位叫作巴恩的大银行家看见参议员萨蒙·蔡思从林肯的办公室走出来，就对林肯说："你不要将此人选入你的内阁。"林肯问："你为什么这样说？"巴恩答："因为他认为他比你伟大得多。""哦！"林肯说，"你还知道有谁认为自己比我要伟大的？""不知道了。"巴恩说："不过，你为什么这样问？"林肯回答："因为我要把他们全都收入我的内阁。"林肯为什么要这样做呢？

很多人都对林肯的决定感到困惑。如巴恩所说，蔡思确实是个狂态十足、极其自大的人，他忌妒心很重，而且一直希望谋得总统职位。至于林肯为何仍旧重用蔡思，用他自己的话解释："现在正好有一只名叫'总统欲'的马蝇叮着蔡思先生，那么，只要它能使蔡思那个部门不停地跑，我还不想打落它。"

现实生活中，不仅是蔡思先生，我们任何一个人，找只"马蝇"给自己点压力，都会使自己向目标的方向前进得更快。曾有这样一个有趣的故事：

勒斯里为了领略山间的野趣，一个人来到一片陌生的山林，左转右转迷失了方向。正当他一筹莫展的时候，迎面走来了一个挑着山货的美丽少女。

少女嫣然一笑，问道："先生是从景点那边走迷失的吧？请跟我来吧，我带你抄小路往山下赶，那里有旅游公司的汽车等着你。"

勒斯里跟着少女穿越丛林，正当他陶醉于美妙的景致时，少女说："先生，往前一点儿就是我们这儿的鬼谷，是这片山林中最危险的路段，一不小心就会摔进万丈深渊。我们这儿的规矩是路过此地，一定要挑点或者扛点什么东西。"

勒斯里惊问："这么危险的地方，再负重前行，那不是更危险吗？"

少女笑了，解释道："只有你意识到危险了，才会更加集中精力，那样反而会更安全。这儿发生过好几起坠谷事件，都是迷路的游客在毫无压力的情况下一不小心摔下去的。我们每天都挑着东西来来去去，却从来没人出事。"

勒斯里不禁冒出一身冷汗。没有办法，他只好扛着两根沉沉的木条，小心翼翼地走这段"鬼谷"路。

两根沉木条在危险面前竟成了人们的"护身符"。其实，许多时候，如果我们学会在肩上压上两根"沉木条"，给自己一些压力，确实会让我们走得更好。下面看看这个非常贴近我们自己的例子：

李强是学管理的，因为爱好设计，进了某私企的企划部。刚工作不久，他接手了一个公司的圣诞节网站广告设计项目，期限是4天。

由于这次广告设计需要一个非常有创意的网页，而李强和其他同事都不懂网页设计软件，老总便在出差前给他推荐了一位外援。谁料，人家到外地出差，根本抽不出时间。

当时，李强面前只有两条路：一是放弃，直接找老总告诉自己做不了；二是迎难而上，完成项目。选择前者，会失去很好的表现机会，晋升的梦想也可能泡汤；选择后者，自己需要再想别的办法做出一个有创意的网页，既要符合活动广告的要求，又要体现公司的内涵和优势，若成功了会大大提升自己在老总心中的地位。一直梦想做出成绩的李强，最终选择了后者。

决定后，他想：如果再找别人，要让对方了解公司的企业文化、优势及活动意义等，至少也要1天的时间，而完成整个项目只有4天的期限，还不如自己上，毕竟自己对公司和这次活动的主旨都比较了解，何况大学期间也学过相关的计算机课程。

于是，他买了两本网页制作的书，把自己关在办公室，连续3天废寝忘食地学习。第4天，老总出差回来，李强交上了一个自己精心设计的网页。当老总问他，这是那个外援的杰作吗？他便把事情原原本本地说了一下，老总立刻对他竖起了大拇指，还夸他是一个很有发展前途的年轻人。

可见，我们不应总是惧怕压力，适当的压力反而会让我们更好地发挥潜力。如果每天都给自己一点儿压力，你就会感觉到自己的重要性，发挥出更多的潜力。正如一位哲人所说："你要求得越少，那么你得到的也越少。"

2."叮"上自己，你会变得更强大

一匹马由慢跑突然到快跑是由于受到马蝇的叮咬，那么，我们个人的实力由弱到强需要什么来"叮咬"呢？事实证明，在有竞争对手"叮咬"的时候，人往往能保持旺盛的势头，最终让自己壮大起来，加速前进。

在北方某大城市里，诸多电器经销商经过明争暗斗的激烈市场较量，在彼此付出了很大的代价后，有赵、王两大商家脱颖而出，他们彼此又成为最强硬的竞争对手。

这一年，赵为了增强市场竞争力，采取了极度扩张的经营策略，大量地收购、兼并各类小企业，并在各市、县发展连锁店，但由于实际操作中有所失误，造成信贷资金比例过大，经营包袱过重，其市场销售业绩反倒直线下降。

这时，许多业内外人士纷纷提醒王说，这正是主动出击，一举彻底击败对手赵，进而独占该市电器市场的最好商机。王却微微一笑，始终不采纳众人提出的建议。

在赵最危难的时机，王却出人意料地主动伸出援手，拆借资金帮助赵涉险过关。最终，赵的经营状况日趋好转，并一直给王的经营施加着压力，迫使王时刻面对着这一强有力的竞争对手。

有很多人嘲笑王的心慈手软，说他是养虎为患。可王却丝毫没有后悔之意，只是殚精竭虑，四处招纳人才，并以多种方式调动手下的人拼搏进取，一刻也不敢懈怠。

就这样，王和赵在激烈的市场竞争中，既是朋友又是对手，彼此绞尽脑汁的较量，双方各有损失，但各自的收获也都很大。多年后，王和赵都成了当地赫赫有名的商业巨子。

面对事业如日中天的王，当记者提及他当年的"非常之举"时，王一脸的平淡：击倒一个对手有时候很简单，但没有对手的竞争又是乏味的。企业能够发展壮大，应该感谢对手时时施加的压力，正是这些压力转化为想方设法战胜困难的动力，进而让我们在残酷的市场竞争中，始终保持着一种危机感。

没错，人生需要一定的"激发"，就好比著名的钱塘江大潮，至柔至弱的水一经激发，便能产生"白马千群浪涌，银山万叠天高"的蔚蔚壮观的景象。

事实上，人皆有惰性，如果没有外力的刺激或震荡，许多人都会舒舒服服、得过且过、无声无息地走完平庸的人生，可是偏偏人生多蹇，世事难料，给人带来种种困窘，也带来种种激励。朋友反目，爱人变心，事业上不顺心，都可能成为一种精神动力源，激发人们调动潜能，干出一番事业，改变自己的人生轨迹。

例如，苏秦一事无成时，屡受父母、妻、嫂的白眼，于是他发愤图强，悬梁刺股，夜以继日，废寝忘食，终成一代名士，挂六图相印，显赫一时，威震天下。蒲松龄虽满腹经纶，却在屡试不中、穷困潦倒之时，愤而激励自己著书立说，以毕生的心血与学识凝成《聊斋志异》，自己也跻身文学巨匠行列，成为千古名人。

所以，想成功，我们就要学会主动接受外在的激励，化压力为动力，使我们的心智力量得到最大限度的发挥，使我们的人生变得更加瑰丽雄奇。

达维多定律

1.创新从改变思维开始

任何企业在本产业中必须不断更新自己的产品。一家企业如果要在市场上占据主导地位，就必须第一个开发出新一代产品，这就是著名的达维多定律。

一个犹太商人用价值50万美元的股票和债券做抵押，向纽约一家银行申请1美元的贷款。乍一看，似乎让人不可思议。但看完之后才发现，原来那位犹太商人申请1美元贷款的真正目的是，让银行替他保存巨额的股票与债券。按照常规，像有价证券等贵重物品应存放在银行金库的保险柜中，但是犹太商人却悖于常理，通过抵押贷款的办法轻松地解决了问题，为此他省去了昂贵的保险柜租金，而每年只需要付出6美分的贷款利息。

这位犹太商人的聪明才智实在令人折服。其实，我们身上也蕴藏着创新的禀赋，但我们总是忽视自己的潜能。你的思维已经习惯了循规蹈矩，只要你愿意改变一下自己的思维方式，多进行一些发散性思维和逆向思维，激活自己的创新因子，你周围的一切，都有可能成为你创新思维的对象。

众所周知，闹钟在传统上的作用只是"催醒"。然而，英国一家钟表公司在此基础上，又增添了一种与此矛盾的"催眠"功能。这种"催眠闹钟"既能发出悦耳动听的鸟语声，催人醒来，又能发出柔和舒适的海浪轻轻拍岩声和江河缓缓流水声，催人入眠。使用者可以"各取所需"，这种新颖独特的闹钟深得失眠者的宠爱。

再有，某大城市的市场上曾出现过一种具有特殊功能的拖鞋。这种居室内穿的拖鞋底上装有圆圈状的纱线，能牢牢抓住地板或地砖上的灰尘、头发等污染物。人们穿上这种特殊拖鞋，边走路，边擦地，走到哪里，清洁到哪里，既走出了"实惠"，又轻松自如。而且，这种拖鞋的洗涤也很方便，穿脏了放入洗衣机内便可清洗干净。"擦地拖鞋"卖疯了，其成功之处在于它体现了一种创新思维，也正是这种思维，为创新者带来了巨大的收益。

在竞争过程中，很多人被对手"吃掉"，其重要原因往往是遇事先考虑大家都怎么干、大家都怎么说，不敢突破人云亦云的求同思维方式。讨论一件事情时，总喜欢"一致同意""全体通过"，这种观念的背后常常隐藏着"从众定式"的盲目性，不利于个人独立思考、不利于独辟蹊径，常常会约束人的创新意识。如果一味地考虑多数，个人就不愿开动脑筋，事业也就不可能获得成功。

一位成功的企业家说："一项新事业，在十个人当中，有一两个人赞成就可以开始了；有五个人赞成时，就已经迟了一步；如果有七八个人赞成，那就太晚了。"

2.第一个吃螃蟹的人

不难看出，达维多定律为我们揭示了如何在竞争中取得成功的真谛。这也正是诸多成功实例所验证的——要做第一个吃螃蟹的人。

日本企业界知名人士曾提出过这样一个口号："做别人不做的事情。"瑞典有位精明的商人开办了一家"填空档公司"，专门生产、销售在市场上断档脱销的商品，做独门生意。德国有一个"怪缺商店"，经营的商品在市场上很难买到，如大个手指头的手套、缺一只袖子的上衣、驼背者需要的睡衣等。因为是"填空档"，一段时间内就不会有竞争对手。

其实，即使在人们熟知的行业里，仍然存在许多的创新点，关键是你要能够察觉得到。

有段时间，国外很多啤酒商发现，要想打开比利时首都布鲁塞尔的市场非常困难。于是，就有人向畅销比利时国内的某名牌酒厂家取经。这家叫"哈罗"的啤酒厂位于布鲁塞尔东郊，无论是厂房建筑还是车间生产设备都没有很特别的地方。但该厂的销售总监林达是轰动欧洲的策划人员，由他策划的啤酒文化节曾经在欧洲多个国家盛行。当有人问林达是怎么做"哈罗"啤酒的销售时，他显得非常得意且自信。林达说，自己和哈罗啤酒的成长经历一样，从默默无闻开始，直到轰动半个世界。

林达刚到这个厂时是个还不满25岁的小伙子，那时候他有些发愁自己找不到对象，因为他相貌平平且贫穷。但他还是看上了厂里一个很优秀的女孩，当他在情人节偷偷地给她送花时，那个女孩却伤害了他，她说："我不会看上一个普通得像你这样的男人。"于是，林达决定做些不普通的事情，但什么是不普通的事情呢？林达还没有仔细想过。

那时的哈罗啤酒厂正一年一年地减产，因为销售不景气而没有钱在电视或者报纸上做广告，哈罗啤酒厂开始恶性循环。做销售员的林达多次建议厂长到电视台做一次演讲或者广告，都被厂长拒绝了。林达决定冒险做自己"想要做的事情"，于是，他贷款承包了厂里的销售工作，正当他为怎样去做一个最省钱的广告而发愁时，他徘徊到了布鲁塞尔市中心的于连广场。这天正是感恩节，虽然已是深夜了，但是广场上还有很多狂欢的人们，广场中心撒尿的男孩铜像就是因挽救城市而闻名于世的小英雄于连。当然铜像撒出的"尿"是自来水。广场上一群调皮的孩子用自己喝空的矿泉水瓶子去接铜像里"尿"出的自来水来泼洒对方，他们的调皮启发了林达的灵感。

第二天，路过广场的人们发现于连的尿变成了色泽金黄、泡沫泛起的"哈罗"啤酒，铜像旁边的大广告牌子上写着"哈罗啤酒免费品尝"的字样。一传十，十传百，全市老百姓都拿瓶子、杯子排成长队去接啤酒喝。电视台、报纸、广播电台争相报道，林达改掏一分钱就把哈罗啤酒的广告成功地上了电视和报纸。该年度"哈罗"啤酒的销售量是去年的1.8倍。

林达成了闻名布鲁塞尔的销售专家，这就是他的经验：做别人没有做过的事情。

不得不承认，如果只懂得沿着别人的路走，即使能取得一点儿进步，也不易超越他人；只有做别人没有做过的事情，创造一条属于自己的路，才有可能把他人甩在你身后。

3.创新也要三思而后行

在这个变革的时代，怕的就是你不变。然而，这里的变不是乱变，不是无原则的变，而是有方向地变；不是倒退的变，也不是"30年河东、30年河西"的转圈变，而是向前发展的变。否则，你的创新之路走错时，结果只会得不偿失。

1978年，可口可乐公司起用布莱恩·戴森为其美国分公司经理，戴森试图突破传统，尝试一种新的软饮料——节食可口可乐。

1981年春，为了迎战自己的强劲对手百事可乐，在新任少壮派领导人戈伊祖艾塔的支持下，戴森开始组织实施节食可口可乐的研究。这项计划被称为"哈佛计划"。次年8月，节食可口可乐在全国推出，并以较大的销售额迅速占领了市场，百事可乐受到了极大的冲击。

然而就在这个时候，公司出现了重大失误。

1985年4月，戈伊祖艾塔向媒体宣布，公司决定对可乐配方进行修改，生产一种新可口可乐，以挽回因甜度不够而失去的市场。

新可口可乐上市，在饮料市场上引起轩然大波。来自老顾客的抗议电报和信件像雪片一样飞往可口可乐总部。亚特兰大总部的接线员们每天要记录1500个电话，几乎都是要求恢复老可口可乐配方的。修改还是恢复"7X"配方的论战成为报纸的头条新闻和电视新闻报道的新话题。包装商们声称，如果这种不利的宣传继续下去，可口可乐无论以何种名称出现，都会面临失去市场份额的危险，有可能在一夜之间就被百事可乐夺去市场，再想收复失地将会变得非常困难。

可口可乐咬着牙支持了3个月后，不得不再次宣布公司将恢复原配方，命名为经典可口可乐，新可口可乐也将继续销售。在重新问世之后6个月，经典可口可乐又成为全国销量第一的软饮料。

任何产品不可能一成不变，都会在不断的改进中适应市场。问题在于该不该公开宣布这种改进，这其中有很大的技巧。顾客的心理都有一种信任惯性，尽管各种实验都表明新可乐的口味不错，但消费者只想维持正宗真品的信誉，抗拒接受新可乐。

尽管可口可乐公司迅速挽回了因修改配方的失误所造成的损失，但在新产品的开发中又出现了失误。

可口可乐在不到一年的时间内连续推出4种新产品：3种含咖啡因可乐和节食可口可乐，再加上经典可口可乐、新可口可乐等，共有8种不同口味的产品，同时出现在市场上。

消费者们几乎被弄晕了头，就连可口可乐的一些老顾客对它也不耐烦。

有这样一段对话，颇耐人寻味：

"给我一杯可口可乐。"

"您要经典可口可乐、新可口可乐、樱桃可口可乐，还是要健怡可口可乐？"

"请给我来杯健怡可口可乐。"

"您要普通健怡可口可乐还是要不含咖啡因的健怡可口可乐？"

"一边去！给我一杯七喜。"

虽然我们不能老是守着传统思想，但革新的步伐也要三思而后行，切勿得不偿失。创新是为了迎合新观念、新社会，而不是强行改变人们固有的生活方式。

儒伏尔定律

1.有效预测方能英明决策

H.儒佛尔提出，没有预测活动，就没有决策的自由。有效的预测是英明决策的前提。这就是儒伏尔定律。

在做任何事之前，你都要面对选择和判断。人生就是在不断地选择和判断中度过的，如果你选择了正确的道路，那么你的人生可能会一帆风顺、飞黄腾达；如果你判断失误而入了歧途，那么你这一生可能就只能与噩梦相伴。选择和判断，对于你的人生就是这么重要。

如何才能做好选择和判断呢？特别是在这个"信息爆炸"的时代，各种各样的道路、方向、方式、经历、指导放在你的面前，经常让人不知所措，只有选择好了、判断好了，才会有好的结果。所以，在众多信息中抽出适合自己的信息，这个环节就显得非常重要。如何才能众里寻他一下命中呢？这就需要极强的预测能力。在这个极具机遇性的商业社会里，预测能力尤为重要。往往一个不起眼的信息，就能给你带来极大的灵感，抓住了这个商机，你就可能一夜暴富。所以，有效的预测对一个竞争者来说，是最重要的能力。

市场变化多端，信息浩渺如洋，如何从这信息的汪洋大海中捞出属于自己的商机？只有靠预测！一个成功的企业家能从繁复的信息中预测出未来市场的走向，并马上将其转化为决策的行动。信息也有价值，只要你利用得好，转眼间就能将其变成大把的钞票。竞争者在做决策前，都要对市场的形势做一下评估和预测，运筹帷幄才能旗开得胜。如果对市场的一切都不熟悉，不提前做出一个精确的预测就妄下决定，那么你肯定会在商战中死得很惨。商场如战场，竞争的残酷性让决策者一步也不能走错。

精明的预测是成功决策的前提，所以一个企业要发展，要提高经济效益，决策者就必须对国内外经济态势和市场要求有所了解，对与生产流通有关的各个环节非常熟悉，掌握各方面的最新、最可靠的信息，找出最有利于企业发展的信息加以利用，这样才能使企业时刻走在时代的前沿，跟得上时代的发展。

1973年，爆发了全球性石油危机。美国通用、福特，日本丰田等汽车公司，由于决策者提前预测到汽车市场的变化趋势，就见机设计生产了大批油耗量低的小型汽车，以备市场骤变之需。果然，1978年全球性石油危机再次爆发时，这几个汽车公司的营业额都未受影响，甚至还有所增加。而美国的K公司，却因为没有预测到市场的变化，在第一次全球性石油危机时，没有做出任何反应和举措，继续生产耗油量高的大型车。结果导致石油危机再次爆发时，无以应对，公司销量锐减，积货如山，每日损失高达200万美元，最后濒临破产。这就是有预测能力和无预测能力的差别。

在这个竞争如此激烈的市场中，决策者必须要有敏锐的眼光，做到审时度势，这样才能在企业之林中立于不败之地。

与之类似，诸葛亮火烧赤壁靠的是什么，靠的就是预测。一个智囊、军师、元帅，靠的不是勇而是智，这智就是预测，就是判断。

当然，预测也离不开知识和经验，预测是在知识、经验的基础上做出来的。而决策又是在预测的基础上做出来的。所以，竞争者不能没有知识、没有经验，更不能没有预测能力。

对自己的未来，对形势的发展，对市场的变化，都要有先见之明，这样才能成为一个容易获得胜算的竞争者。没有有效的预测，就不会有英明的决策，这个道理放在哪里都适用。

2.懂得预测，成就霸业

只有懂得预测的人，才能做出成功的决策，决策的成功便预示着事业的辉煌。无论是在历史中还是在现实中，都有很多这样的例子。

春秋时期的范蠡，就是历史上一位预测家。他对战机、对自己的命运、对商机、对儿子的命运都有很精确的预测。当吴王阖闾为越军所伤致死后，阖闾之子夫差谨记父仇，三年日夜练兵以报越仇，勾践欲提前下手先攻吴。范蠡认为不可，奈何勾践不听，结果越军大败，几近为吴所灭。后来，勾践卧薪尝胆以俟时机灭吴自强，每次有点机会的苗头时，他都会先问范蠡，直到范蠡说可以才动手伐吴，果真取得了胜利。后来，勾践灭了吴。范蠡深知勾践的为人，已料到自己今后的命运，遂留书一封于文种，自己离开了越国。信上写着的正是现在非常知名的"飞鸟尽，良弓藏；狡兔死，走狗烹"这句话。范蠡走了，成了流芳百世的陶朱公；而文种未走，则成了勾践剑下的冤死鬼。

这就是有无预测能力的差别。范蠡的预测力，还体现在"居无几何，致产数十万"上，体现在"久受尊名，不详"上，体现在"吾固知必杀其弟也"上。他因为对人、对事的洞察，所以能够精确地预测到事态的发展方向，因而总能做出正确的决定。这也是为什么他到哪里都能很出名，做什么都很成功的原因。

作为当今的竞争者，更要有洞察古今、预测未来的能力，不然你只能等待失败向你招手。现今香港的首富李嘉诚就是个很有预测能力的人。可以说，他能发家与他当年对市场做出正确的判断是分不开的。

20世纪50年代，初次创业的李嘉诚创办了名为"长江塑胶厂"的塑料玩具生产工厂。因为当时玩具市场已经饱和，结果工厂面临倒闭。就在李嘉诚一筹莫展的时候，他偶然在一份报纸上看到了一条消息，说当地一家小塑料厂将要制作塑料花销向欧洲。看到这个消息，李嘉诚眼前骤然一亮，马上想到了自第二次世界大战以来，欧美生活水平虽有所提高，但经济上还没有种植草皮和鲜花的实力，因此塑料花必定会成为很好的替代品，被他们大量用来装饰各种场合。这是个很大的需求市场，也是个很好的商机，于是李嘉诚马上决定企业转变思路，生产塑料花，而正是这些塑料花，成就了今天的李嘉诚。

试想，如果当时李嘉诚没有看到这条信息，或者看到后也没有意识到信息背后隐藏的巨大商机，那还会有今天的李嘉诚吗？这确实很难说。只能说是这条信息造就了他，而他自己的预测能力成就了他。

李强和张勇同时受雇于一家超市，一样从底层干起。可不久后，两人的身份地位就大不一样了。李强由于受老总器重，职位是一升再升，一直升到部门经理；而张勇却像是"被遗忘的角落"，仍然处于底层。他们为什么会有这么巨大的差别呢？原来正是因为李强每次做事时都有很强的预测能力，老板交代一件事，他能想到老板接下来会交代的一切可能的事情。因此，他把每件事都做得非常完美，让老板对他另眼相看，十分喜欢。而张勇，就没有预测能力，老板交代什么就做什么，只做老板交代的，根本不懂得灵活变通、思考老板交代的事情的深层含义，因此他只能处在底层。

所以说，我们不要羡慕别人的成功，要看到别人的优点，学习别人的优点。预测能力，是成功者必备的能力，无论是对生活还是对事业，只有拥有很强的预测能力，才能干出一番事业，成就你的"霸业"。

3.提高预测力的方法

明天是未知的深渊，但对于明天我们并不是手足无措的，我们可以预知未来。因为这世界存在着规律和趋势，未来是在现在基础上的发展，所以它不可能脱离现在而存在，在今天的身上能看到明天的影子。对于未来我们不是一无所知，我们可以通过预测略知一二。但这种预测能力不是每个人都有的，只有通过不断的学习、总结、观察、实践，才能练就一双穿越时空的慧眼。

知识是一切行动的基石，你有了知识才能真正地了解和参与这个世界；没有知识，就谈不上审时度势，预测未来。

所以，如果你想提高自己的预测能力，首先要具备那个行业所要求的基础知识。有了专业的知识，你才能真正了解这个行业的内情，才能知道行业大体的走势。当然，光有基础知识是不行的，你还得时常关注各种信息，如时政、金融、科技、民生、娱乐等方面相关的信息，不然你就会跟不上时代的发展，错过一些好的商机。

其次，你就要时刻关注与行业相关的各方面的信息。有了知识和信息，还是不够的，你还得知道怎么利用它们。这就需要你多看一些行业成功人士的传记、语录和历史人物的传记等，从他们的人生中总结经验教训，择其优而学，被证明是错误的事情，就没必要再去经历一次，只做对的就好。

最后，还有一个非常重要的方面，就是要具备长远的思想，从一个事情看到它背后可能发生的第二、第三、第四件事情。只顾眼前是没有出路的，要想在商业丛林中站稳脚跟，必须要具备走一步看五步、十步的能力。所以，如果你现在还有着做一天和尚撞一天钟的工作态度，那么要想提高预测能力，就必须先得把这态度改了，做一件事情要想到这之后的一系列结果，久而久之，你就会拥有不错的预测力了。

说白了，想要提高自己的预测力，平时做事的时候就要多想、多思考。商界成功人士大多有这样的共识：一个成功的企业家、一个成功的领导者，每天至多用20%的时间处理日常事务，而另外80%的时间则用来思考企业的未来。

竞争者要生存，要具有市场竞争力，应付瞬息万变的市场竞争，就必须能够进行科学的预测，并在此基础上做出正确的判断和假设，采取有利的战略行动计划，否则，企业就会在竞争中贻误商机，难逃失败的命运。

科学的预测既可以带来巨大的财富，也可以带来顺利的人生，所以，提高自己的预测能力是非常有必要的。从今天起，补充知识，关注信息，总结经验，思考未来吧！

费斯法则

1.不要怜新弃旧

费斯法则由P.S.费斯提出，内容是在拿到第二个东西以前，千万别扔掉第一个。步步为营，才能百战百胜，在激烈的市场竞争中，计划和调查有时并不能保证做出最好的决策。环境在不断地变化，竞争对手的行为也并非总能预测，消费者的行为也充满了不确定性和非逻辑性。欲在竞争中立于不败之地，就要做到在拿到新的东西之前，千万不要放掉你手中的东西，尤其是当手中的东西对你来说很重要时更应该如此。

怜新弃旧，出自《东周列国志》，讲的是为了新欢抛弃旧爱。这句话放到商场上，就是指为了新的利益而放弃已经拥有的利益，或者为了开拓新的市场而放弃原有的客户。这些都是不明智的行为，不是一个精明的决策者应该有的想法。如果想把企业做大，就要一步一步来，在原有的基础上发展，而不是为了捉天上的蝴蝶就放弃到手的鲜鱼。

俗话说："饭要一口一口吃，路要一步一步走，钱要一点一点赚。"一口吃不出个胖子来，一步也登不了天，不要想一夜暴富，而要稳扎稳打，在竞争起步阶段是这样，在竞争发展阶段也是这样。要一个项目一个项目地做，一个单子一个单子地签，不要好高骛远，只想着去摘天上的星星，而忘了握住手里的馍馍。

先把手头的工作做好，再做下一步；先把到手的买卖做好，再去接下一个。先巩固已经占有的市场，再去开发新的。没有绝对的把握，千万不要丢掉手里的，去追求那未知的。

高锋是个聪明且踏实的人，大学毕业后到一家大公司做销售。没几年的时间，他就当上了销售部的经理。朋友问他为什么升职得如此快，有没有秘诀。他微微一笑，说："秘诀就是步步为营，稳扎稳打。尊重每一个客户，绝不放过任何一个有可能的客户。但最重要的是，不要为了追逐新客户而忽视已经谈妥的客户。"接着他就讲了一件他所经历的事情。几年前，当他还是个毛头小伙子的时候，每天的工作就是不断地约客户、见面、发名片、宣传产品。有一次，同时有几家公司回复了他。他非常高兴，就一一去拜访。一家小公司很快就与他达成协议，有九成的把握要签下订单；另一家大公司也有一些意向。一天中午，两家公司代表同时约他见面。他一下为难了，去哪个好呢？他知道那个小公司成功的概率比较大，但大公司的单子更大些。思考良久，他决定先与小公司的代表见面，拿下一个再说，不要为了那个没把握的单子丢了到手的生意。结果证明他是正确的，当天中午那家小公司的代表就与他签了合同，而那家大公司的代表不过是找他看一下方案，离签单还远得很呢。因为这个小公司的单子，他的事业打开了局面，慢慢地单子签得越来越多，事业也越做越大。现在，他依然秉承当初的想法，一步一步地说服客户，先拿下把握大的单子，再去找第二家。

可见，明智的竞争者要懂得坚守，就不要随便放弃已有的利益。要明白有很多聪明人正在等着机会打败你，等着捡你手中的宝呢。

要珍惜自己拥有的，不要轻易地为了看似更美好的东西就放弃了手里的东西。最愚蠢的人莫过于还没有拿到新东西，就放弃已到手的宝贝。

2.先巩固到手的利益

在生活中，有很多人为了那虚无的下一站幸福，而抛弃了已经拥有的快乐；或为了更上一层楼，而赌上现有的身家性命，结果最终落得个身败名裂。所以，老人常说，拿到手里的才是自己的，守好了再去找别的。不要为了那不可预测的未来，赌上你现在所拥有的。

作为一个竞争者，千万不要急功近利、好高骛远，以为前方有天上掉下的馅饼，拼了命也要抢了来，却不知那往往是天大的陷阱；没有看到自己已经拥有的东西和自己的优势，一味地以为别人拥有的更好，却不知会输得更惨。无论是做人还是做事，都要求稳，不要轻易地做决定，要三思而后行；更不要为了还未到手的东西放弃自己已经拥有的。

现在似乎有一种流行病，就是浮躁。许多人总想一夜成名、一夜暴富。比如，投资赚钱，不是先从小生意做起，慢慢积累资金和经验，再把生意做大，而是如赌徒一般，借钱做大投资、大生意，结果往往惨败。网络经济一度充满了泡沫，有人并没有认真研究市场，也没有认真考虑它的巨大风险，只觉得这是一个发财成名的"大馅饼"，一口吞下去，最后没撑多久，草草倒闭，白白"烧"掉了许多钞票。

俗话说得好：滚石不生苔。坚持不懈爬行的乌龟能快过灵巧敏捷却偷懒的野兔。如果能每天学习1小时，并坚持12年，所学到的东西一定很多。正如布尔沃所说的："恒心与忍耐力是征服者的灵魂，它是人类反抗命运、个人反抗世界、灵魂反抗物质的最有力支持，它也是福音书的精髓。从社会的角度看，考虑到它对种族问题和社会制度的影响，其重要性无论怎样强调也不为过。"

凡事不能持之以恒，正是很多人失败的根源。所以，养成不放弃的习惯对一个竞争者来说尤为重要。希望下面的步骤对培养你的恒心有所帮助。

第一，合理的计划是你坚持下去的动力。如果没计划，东一榔头西一锤子，是做不好工作的。设计合理的计划表，不仅可以理顺工作的轻重缓急，提高效率，而且可以在无形之中督促自己努力工作，按时或超额完成计划。

制订可行的工作计划和执行计划时要注意，也许你愿意用硬性的东西约束自己，或希望有充分的灵活性，甚至等自己有了灵感的时候才动工。可是，万一你正好没有灵感，整个礼拜都没兴致工作的话，怎么办呢？这样下去，你就可能失去坚持下去的耐心，对自己的创造能力产生怀疑。

至少开始的时候，你可以为自己安排一段单独的时间，找出自己的专长。按照进度，循序渐进，将使你能做更多的工作——如果你想出类拔萃的话；如果你给自己安排的进度并不过分，可是你还是抗拒它的话，譬如，找借口拖延工作进度，那么你就得研究一下自己的动机了。计划的制订，将迫使你自问这个严酷的问题：我真的想做这件事吗？即使计划进行得不太顺利，我还是按部就班地做吗？如果答案是"是"，那么你是真的想成功，合理的计划表可以帮助你坚持下去。

第二，拥有越挫越勇的劲头。有的失败会转眼被我们忘记，有些挫折却会给我们留下深深的伤痛。但是，无论如何，我们都不应该因为挫折而停止前进的步伐，每个人都必须为目标奋斗。如果你不继续为一个目标奋斗，你不仅会失去信心，还会逐渐忘记自己有这个目标；如果你不再继续坚持的话，就会开始怀疑自己是否能成功地实现计划所定的目标。

有时你也许会因为目前完不成一个小的目标，而改做其他的尝试，这种随便的做法是一种变相的放弃。千万不要拿困难做借口，转而改实施另一个计划。

第三，既然有计划，就要实现它。当你坚持完成计划的要求，实现成功的目标后，你会更加坚定地做完以后的工作，这对培养你不轻言放弃的习惯会有很大的帮助。不把事情做完的话，你会觉得自己像个没有志气的懒虫；以后如果你不敢肯定是不是能把工作完成的话，就很难再开始做一件新的事情。不管你从事的工作要花多少时间，你都得面临这个问题：是完成这件工作呢？还是放弃它？你最好从一开始就搞清楚，自己是不是真的想完成它，如果不是，你何必花这些心力呢？

如果你是某一领域的专业人员，你的成功目标就是成为这一领域的翘楚，那么你就不能单是把计划完成，而必须把作品展示出来，接受别人的批评。不要把你的小说只给一家出版社看，因为如果这一家出版社不接受的话，那你就只能全盘放弃；你必须再接再厉，让自己作品得到充分的展示机会。

如果你为了完成这个计划付出了很多，那就坚持下去，也许最艰难的时候，就是离成功最近的时候。

作为竞争者，一定要先巩固到手的利益，再开拓新的市场。

不能像狗熊掰棒子一样，掰一个扔一个，到最后什么也没得到；也不要在对手的攻击下乱了分寸，慌了手脚，做出一些贸然的举措和决策。无论何时、无论何种情形之下，抓紧到手的利益才是上策。

史密斯原则

1.学会与敌人合作

如果你不能战胜竞争对手，那么你就加入他们之中去。没有永远的敌人，只有永远的利益。无论是合作还是竞争，说到底都是为了利益。这就是约翰·史密斯提出的一条著名的策略型原则——史密斯原则。

争，不单单意味着"你死我活"的争斗，也存在着"你为我用，我为你用"的合作。螳臂不能挡车，鸟卵不能击石，如果不能战胜对手，与其自寻死路，不如加入他们之中去，学会与你的对手合作，达到一种双赢的效果。

从前，有一个农夫靠种地为生。一日，他见自己的农田旁边长有三丛灌木，越看越不顺眼。他认为这些灌木毫无用处，而且还耽误他种地。于是，他决定把这些灌木砍掉当柴烧。可他并不知道，每丛灌木中都住着一群蜜蜂。如果他把灌木砍了，蜜蜂们就无家可归了。因此，在农夫砍第一丛灌木时，里面的蜜蜂出来苦苦哀求："亲爱的农夫，您把灌木砍了也得不到多少柴火，请您行行好，好在我们为您传播花粉，不要砍这丛灌木了！"农夫看看这些令他讨厌的灌木，摇摇头说："即使没有你们，也会有别的蜜蜂为我传播花粉。"说着，他抢起手中的斧头把第一丛灌木砍掉了。

第二天，农夫又来到农田边要砍第二丛灌木。突然，一大群蜜蜂飞了出来，对农夫嗡嗡叫道："可恶的农夫，你胆敢破坏我们的家园，我们就蜇死你！"说着，它们就朝农夫脸上蜇去。农夫的脸上立即出现了几个大包，又疼又痒。农夫一下怒不可遏，一把火烧了第二丛灌木。

第三天，当农夫正要砍第三丛灌木的时候，蜂王飞出来了，对农夫说："睿智的农夫啊，您难道真的要砍掉这些灌木吗？难道您没有意识到它会给您带来多少好处吗？我们蜂窝每年产出的蜂蜜和蜂王浆够您一年的吃喝；而这丛灌木质地细腻，养大了也准能卖个好价钱。"听了蜂王的话，农夫举着斧头的手慢慢放了下来。他觉得蜂王言之有理，决定和蜜蜂合作，做蜂蜜的生意。

就这样，第三群蜜蜂保住了自己的家园，靠的不是恳求和对抗，而是与对手合作。天下熙熙皆为利来，天下攘攘皆为利往，没有永远的敌人，只有永远的利益。农夫砍灌木是为了自己的利益，蜜蜂用更大的利益打动了农夫，用合作的方式留住了自己的家园。

当你的力量比对手弱时，恳求是不能引起同情的，反而会让对手更加瞧不起你，更想早些把你除掉，硬碰硬地对抗，敌我悬殊太大，只能是自取灭亡；这时只有智取，与对手合作，用利益打动他，达到双赢的目的，当然，要想让强大的对手与不起眼的你合作，你就必须让对手看到合作的利益会大大超过不合作，这样才能让对手下定决心与你合作，而不是与你为敌；而对于力量相对弱小的你来说，与强大的对手合作只有利而没有弊。不要以为是对手，就一定要摆出势不两立的派头，其实在利益的追逐中，今天的敌人也许就是明天的伙伴。

　　还有这样一个故事：有一个地方盛产柿子，每年的秋天柿子熟后，当地的农民都不会把每棵柿子树的柿子都摘完，而是留着树顶上的柿子。外地人看到后都不明白，就问这些农民为什么不把那些柿子都摘去卖了。当地的农民给了一个让他们很诧异的答案："这些柿子是留给乌鸦的。"乌鸦？为什么要留给乌鸦呢？他们想不明白。那些农民就说："树上有柿子，乌鸦才会来，乌鸦来吃柿子，也会吃树上的虫子，这样柿子树就不会生病，就能保证明年柿子大丰收。"

　　这些农民也是在与敌人合作，乌鸦喜欢吃柿子，有时趁农民不备就会偷吃，既然如此，农民就主动地给乌鸦留柿子，让它们帮忙捉虫，这就是双赢。

　　在商场上，也是如此，要学会与自己的对手合作，在竞争中求进步、在合作中获利益。

2.竞争合作以求双赢

　　竞争与合作从来都不是对立的，它们是相互依存的，与竞争对手合作，与合作伙伴良性竞争，在竞争、合作中互相学习、共同进步。一切以更好的发展为目的，无所谓敌人朋友，只要存在共同的利益，都可以一起合作达到共赢。

　　你可能不敢相信，为了能养出更好的羊，牧场主甚至可以和狼合作。

　　有一个牧场主养了许多羊。因为他的牧场所在的地方有狼，所以他的羊群总是受到狼的袭击。今天死两只，明天死两只，渐渐地羊群的数量越来越少。牧场主为此非常生气，对狼更是恨之入骨。有一天，又有几只羊被狼咬死了。牧场主再也忍受不了了，就花钱请了几位厉害的猎人把附近的狼全都消灭了。他想，这下一定可以高枕无忧了。结果却让他大吃一惊。没有狼后，羊变得很懒散，吃吃睡睡生活很舒适，可它们的肉质变差了，当羊出栏时，销路大不如以前。牧场主想不通这是为什么，现在他的羊越来越多了，却因为羊肉卖不上价，低廉的价格还不如以前有狼的时候赚得多。带着疑问，他去咨询了专家。原来，都是他自己闯的祸。他把狼给消灭了，羊没有了天敌追赶也懒得跑动，这样羊肉的质量就会下降，自然影响价格；而且没有了狼，羊的繁殖越来越快，对当地的草场也不好，如果草场受破坏过大，牧场主还得花大价钱修复草场，更不划算。专家的建议是，请狼回来，与狼共处。牧场主没有办法，只好从别的地方买了几只狼回来，将信将疑地等待结果。不出专家所料，狼回来后，羊的品质上去了，草场也得到了应有的保护。牧场主终于明白了，狼不只是他的敌人，还可以是他的朋友、他的合作伙伴。

无独有偶，还有一个类似的故事，讲的是牧场主与猎户做朋友的故事。

一个养了许多羊的牧场主和一个养了一群凶猛猎狗的猎户成了邻居。结果，那些猎狗经常跳过两家之间的栅栏，袭击牧场里的小羊羔。每次遇到这种事情，牧场主只好去请猎户把猎狗关好，但猎户从来不以为意，只是口头答应，从未有过实际行动。猎狗咬死、咬伤小羊的事依然经常发生。终于，牧场主忍无可忍，到镇上去找法官评理。法官听了他的控诉后，说了这么一段话："我可以处罚那个猎户，也可以发布法令让他把猎狗锁起来，但这样一来你就失去了一个朋友，多了一个敌人。你是愿意和敌人做邻居，还是愿意和朋友做邻居？"牧场主想也没想就说："当然是愿意和朋友做邻居了。"听了他的话，法官接着说："那好，我给你出个主意，按我说的去做，不仅可以保证你的羊群不再受骚扰，还会为你赢得一个友好的邻居。"牧场主仔细听了法官的主意，回到家后就照着做了。他从自己的羊群中挑了三只最可爱的小羊羔，送给猎户的三个儿子。猎户的儿子们看到洁白温顺的小羊羔如获至宝，每天放学都要在院子里和小羊羔玩耍嬉戏。为了防止猎狗伤害儿子们的小羊，猎户专门做了一个大铁笼，把狗结结实实地锁了起来。为了答谢牧场主的好意，猎户开始经常送些野味给他，而牧场主也不时用羊肉和奶酪回赠猎户，而且因为这些猎狗的存在，从没有人敢来偷牧场主的羊，也没有其他动物敢来他的牧场捣乱。从此，牧场主的羊再也没有受到过骚扰，他与猎户还成了朋友。

足见，化敌为友，不是对立而是合作，用友好的方式达到最终的目的是再好不过了。下过跳棋的人都知道，6个人各霸一方，互相是竞争对手，又必须是合作伙伴。因为如果你想到达你的目的地，就必须得利用别人搭的桥，只有大家互相搭桥合作，才能最快地到达目的地。

如果我们只讲求合作，放弃竞争，一味地为别人搭桥铺路，那别人就会先到达目的地，而自己只有等待失败收场；相反，如果我们只注意竞争，而忽视合作，一心只想拆别人的路，反而会延误自己的正事，自己依然无法获胜。所以，要在竞争中合作，在合作中竞争，求得双赢。

罗杰斯论断

1.未雨绸缪，有备无患

成功的企业不会依靠外界来决定自己的命运，而是始终向前看。这个论断的提出者是美国的P.罗杰斯。

对待问题的态度应该像对待疾病的态度一样，在身体有些不适的时候，就要及时治疗以免病情发展得更为严重，甚至到无法医治的地步。对问题也是这样，及早地预见问题，将其消灭于萌芽状态，才能有效地解决问题。

真正精明的人对自己所处的环境总是富有洞察力，一旦察觉到对自己不利的势力，在刚看出端倪时就会出手打压，将其扼杀在摇篮中。否则，坐视其发展壮大到和自己旗鼓相当，甚至强于自己时，一切都来不及了。

在生活中，学会未雨绸缪、防微杜渐，将一切不利的因素消除在萌芽状态，将自己面临的危险降到最低，无疑是明智之举。

未雨绸缪、防微杜渐是人生智慧。竞争之中，常常强调"冬天"的人，日子未必艰难；一直浸润在"春天"里的人，"冬天"或许会提前到来。

微软公司创始人比尔·盖茨常说："微软离破产只有18个月。"居安思危是审时度势的理性思考，是在超前意识前提下的反思，是不敢懈怠、兢兢业业、勇于进取的积极心态。

世界著名的信息产业巨子、英特尔公司的前总裁安迪·葛罗夫，在功成身退之后回顾自己创业，曾深有感触地说："只有危机感、恐惧感强烈的人，才能够生存下去。"

英特尔成立时葛罗夫在研发部门工作。1979年，葛罗夫出任公司总裁，刚一上任他立即发动攻势，声称要在一年内从摩托罗拉公司手中抢夺2000个客户，结果英特尔最后共赢得2500个客户，超额完成任务。此项攻势源于其强烈的危机意识，他总担心英特尔的市场会被其他企业占领。1982年，由于美国经济形势恶化，公司发展趋缓，他推出了"125%的解决方案"，要求雇员必须发挥更高的效率，以战胜咄咄逼人的日本企业。他时刻担心，日本已经超过了美国。在销售会议上，身材矮小、其貌不扬的葛罗夫，用拖长的声调说："英特尔是美国电子业迎战日本电子业的最后希望所在。"

危机意识渗透到安迪·葛罗夫经营管理的每一个细节中。1985年的一天，葛罗夫与公司董事长兼CEO摩尔讨论公司目前的困境。他问："假如我们下台了，另选一位新总裁，你认为他会采取什么行动？"摩尔犹豫了一下，答道："他会放弃存储器业务。"葛罗夫说："那我们为什么不自己动手？"1986年，葛罗夫为公司提出了新的口号——"英特尔，微处理器公司"，帮助英特尔顺利地走出了这一困境。其实，这皆源于他的危机意识。

1992年，英特尔成为世界上最大的半导体企业。此时，英特尔已不仅是微处理器厂商，而是整个计算机产业的领导者。1994年，一个小小的芯片缺陷，将葛罗夫再次置于生死关头。12月12日，IBM宣布停止发售所有奔腾芯片的计算机。预期的成功变成泡影，一切变得不可捉摸，雇员心神不宁。12月19日，葛罗夫决定改变方针，更换所有芯片，并改进芯片设计。最终，公司耗费相当于奔腾5年广告费用的巨资完成了这一工作。英特尔活了下来，而且更加生气勃勃，是葛罗夫的性格和他的危机意识再次挽救了公司。

在葛罗夫的带领下，英特尔把利润中非常大的部分花在了研发上。葛罗夫那句"只有恐惧、危机感强烈的人，才能生存下去"的名言已成为英特尔企业文化的象征。

居安思危方可安身，贪图逸豫则会亡身。只有如葛罗夫那样充满危机意识，我们才能在激烈的竞争中保持不败的境地。每一个竞争者都要把葛罗夫的例子装在心中，将"永远让自己处于危机与恐惧中"这句话记在心中。只有时时提醒自己不断进步，才能在竞争激烈的环境中生存下来，开创出属于自己的天地。

2.培养自己的预见力

未来是不确定的，计划在不确定因素面前无能为力，所以你必须随机应变，前提是你必须拥有确定的目标和长远的计划。

我们很容易被眼前的利益蒙蔽了双眼，从而忽视了潜伏于远方的危险，在不知不觉中失败。因此，我们一定要高瞻远瞩，培养自己预见未来的能力。

公元前415年，雅典人准备攻击西西里岛，他们以为战争会给他们带来财富和权力，但是他们没有考虑到战争的危险性和西西里人抵抗战争的顽强性。由于求胜心切，战线拉得太长，他们的力量被分散了，再加上西西里人团结一致，他们更难以应付了，雅典的远征导致了自身的覆灭。

胜利的果实的确诱人，但远方隐约浮现的灾难更加可怕。因此，不要只想着胜利，还要想到潜在的危险，这种危险有可能是致命的。不要因为眼前的利益而毁了自己。被欲望蒙蔽了双眼的人，他们的目标往往不切实际，会随着周围状况的改变而改变。

我们应时刻保持清醒的头脑，根据变化随时调整自己的计划。世事变幻莫测，我们必须具有一定的预见未来的能力，过分苛求一项计划是不明智的，实现目标可以有多种途径，不要抓住一个不放。

预见未来的能力可以通过实践探索慢慢培养。要有明确的目标，但必须实事求是地对客观现状进行分析评估；计划要周密，模糊的计划只会让你在麻烦中越陷越深。

卡贝的思想

1.走不通就另辟蹊径

放弃是创新的钥匙，在未学会放弃之前，你将很难懂得什么是争取。这是卡贝的思想。

不是所有的事情只要坚持就会有好的结果，有的时候懂得放弃才是上策。人生有限，机会有限，选择最有利于自己的，放弃那些不适合的，这样你才能用最短的时间，付出最小的成本，获得最大的利益。不要固执，走不通就另辟蹊径，不要在没有结果的事情上投入太多的精力。在印度的热带丛林里，流传着一种奇特的捕猴法。这里的人们在捉猴子时，会先拿出一个小木盒，在木盒里装上猴子爱吃的坚果，然后把盒子固定起来。再在盒子上开一个刚好够猴子的前爪伸进去的小口，这样猴子一旦抓住坚果，爪子就抽不出来了。用这种方法，常常能捉到猴子。这是因为猴子的一种习性：不肯放下已到手的东西。这时，人们总是嘲笑猴子的愚蠢：为什么不松开爪子放下坚果逃命呢？但在现实生活中，又有多少像这些猴子一样的人在犯着同样的错误呢？

懂得放弃，是放弃错误，收获光明。不要像这些猴子一样，为了一点儿蝇头小利而丢了性命，也不要不撞南墙不回头，发现此路不通，就要赶快另谋他路。人生有很多个选择，不要以为放掉了一个就失去了所有，有时候只有放弃了才能获得。

瑞士军事理论家菲米尼有句名言："一次良好的撤退，应与一次伟大的胜利一样受到奖赏。"该放弃的时候，要勇于放弃，放弃需要更多的勇气与智慧。

以个人或企业的发展为例，我们不可能在竞争中做到万无一失，只能放弃一些不利于发展或者对个人、企业帮助较小的东西，来谋取更大的收获。过去的成就，不代表将来的辉煌，决策者要懂得放弃光环。

大多数人都很难拒绝过去那些效果很好的技术和战略对我们的诱惑，也很难看到采用新战略和新技术的必要性。不伸开拳头，就很难抓到更多、更新的东西，所以不要固守过去，也不要坚持错误，懂得放弃才能开创更美好的天地。

长期居于世界手表行业销售榜首位的日本钟表企业精工舍，之所以会有这样的成就，就是因为该企业的第三任总经理服部正次实施了放弃战略。钟表企业都会把瑞士的钟表企业作为对手，来努力提高自己的质量，服部正次管理的精工舍也不例外。在服部正次上任初期，他以质量赶超瑞士作为企业的发展目标，可结果却很不理想，10多年的努力几乎是白费力气。就在这时，服部正次清楚地认识到与瑞士比质量是行不通的，于是，他迅速地带领精工舍另走新路，不再在机械表上比质量，而是研发出比机械表更好的新产品。有这个思路后，服部正次就带领自己的科研人员刻苦钻研，终于在几年后，开发出了比机械表走时更准确的石英电子表。产品一经推出，就大获全胜，甚至赢得了世界手表销售首位的荣誉。

这就是懂得放弃的回报，一条路被堵死了，没必要非得把它闯开，另一条路也是柳暗花明。在竞争中，我们一定不要犯固执已见的错误，也不要贪得无厌，要懂得适时地放弃，这才是成功的保证。

2.学会适时放弃

上帝在关上你的一扇门的时候，会打开一扇窗，或者打开另一扇门。所以，不要害怕失去，失去的同时你可能会得到更多。

在选择中要懂得放弃，只有放弃了错误才能走向正确。比尔·盖茨曾说过："人生是一场大火，我们每个人唯一可做的，就是从这场大火中多抢一点儿东西出来。"在火中抢东西，一定要注意主次，没有多少时间供我们考虑，尽可能挑最重要的拿，而放弃那些相比之下次要的东西。

在生活中，当我们努力争取的东西与目标无关，或者目前拥有的东西已成为负累，或者劣势大于优势时，那么坚持还不如放弃。当你放弃了不该追求的东西后，你可能会突然发现，你已经拥有了你曾争取过而又未得到的东西。就像电影《卧虎藏龙》里那句经典台词说的一样："当你紧握双手，里面什么也没有；当你打开双手，世界就在你手中。"你越是拼命想抓住的东西，就越是得不到；相反，如果你学会了放弃，你会发现幸福就在身边。

人的时间和精力都是有限的，不可能得到所有你想要的东西，你只能挑最想要的并为之奋斗。想要拥有一切的人，往往最终什么也得不到。在未学会放弃之前，你将很难懂得什么是争取。如果不懂得放弃，就无法做出决策。

竞争中，我们不可能每个机会都去尝试，也不可能在每个领域都获得成功，放弃自己不擅长的，放弃没有结果的尝试，放弃过多的欲望，放弃错误的坚持。这样，才能成为真正的赢家。

　　松下幸之助就是一位敢于放弃，懂得适时放弃的精明人。他领导松下集团走过了风风雨雨，创下了一个又一个商业奇迹。20世纪五六十年代，很多世界性的大公司都纷纷投向大型电子计算机的研发和生产中，以为这种高新科技会带来新的收益奇迹，松下通信工业公司也毫不例外地投入其中。可是1964年，在花费了5年时间，投入了高达10亿日元的研究开发资金，研发也很快要进入最后阶段的时候，松下公司突然决定全盘放弃，不再做大型电子计算机。这是松下幸之助的决定，他考虑到大型计算机的市场竞争太激烈，如果一招不慎，很可能使整个公司陷入危机。到那时再撤退，可能为时已晚，还是趁没有陷入泥潭前，先拔出脚为好。结果，事实证明松下幸之助的决定是完全正确的。之后的市场正像松下预测的那样，而西门子、RCA等世界性的公司也陆续放弃了大型计算机的生产。

　　松下幸之助的成功，当然与他非凡的预测力是分不开的，但是更重要的是他拥有懂得适时放弃的品质。做决策靠的就是果断，知道这条路是错的，就要立即调转头回到正确的路上去，不要为过去的付出斤斤计较，在错误的路上走得越远，只能失去得更多。

　　赌徒就是因为不懂得放弃，才会倾家荡产，总是不甘心过去输掉的钱，总是想着要把本钱捞回来，而结果往往是输得更惨。

　　有些骗子，也是利用人们不懂得放弃的弱点到处行骗。当你特别想得到某件东西时，就容易迷失自己；当你付出了成本时，就总想着得到回报。网上有很多这样的诈骗者，利用消费者想要购买某物的急切心理，告诉对方先交定金，再邮寄货，结果定金打了水漂，有去无回。如果这时懂得放弃，损失的也就只有那些定金。可有些人依然执迷不悟，明知道是骗局还是一个劲地往里钻，主动自愿地把剩下的金额都打过去，结果只能是赔得更惨。在现实中，还有很多这样的例子。

一个青年向富翁请教成功之道。富翁什么话也没说，从冰箱里拿出三块大小不等的西瓜放在青年面前，问道："如果这里的每块西瓜代表一定程度的利益，你会选哪块？"青年人不假思索，直接答道："当然是最大的那块！"富翁笑了："那好，请吃吧！"说着，富翁把最大的那块西瓜递给了青年，而自己却拿起最小的那块吃了起来。很快，富翁就把手里那块最小的西瓜吃完了，然后得意扬扬地拿起剩下的那块西瓜在青年面前晃了晃，大口吃了起来。青年顿时明白了富翁的意思：这些西瓜都代表着一定程度的利益，谁吃得最多谁拥有的利益就最大。虽然自己挑了最大的，可富翁却比自己吃得多，那么富翁占的利益自然也比自己多。

在竞争中取胜，其实就像吃西瓜一样，要想使自己有大的发展，成为最后的赢家，就要有战略的眼光，要学会适时放弃，这样才能获益更多。

6

Chapter 6

从自我提升到
自我突破

首因效应

1.第一印象很重要

首因效应又叫第一印象效应，是指交往双方形成的第一次印象对今后交往关系的影响，即"先入为主"带来的效果。虽然这些第一印象并非总是正确的，但是最鲜明、最牢固的，并且决定着以后双方交往的状态。

当今社会，大家都认为工作不好找，尤其是刚毕业的学生。其实，如果把握好求职时的第一印象，结果往往会出乎意料。

一个新闻系的毕业生正急于找工作。一天，他到某报社对总编说："你们需要一个编辑吗？"

"不需要！"

"那么记者呢？"

"不需要！"

"那么排字工人、校对呢？"

"不，我们现在什么空缺的岗位也没有了。"

"那么，你们一定需要这个东西。"说着他从公文包中拿出一块精致的小牌子，上面写着"额满，暂不雇用"。总编看了看牌子，微笑着点了点头，说："如果你愿意，可以到我们广告部工作。"

这个大学生通过自己制作的牌子，表现了自己的机智和乐观，给总编留下了良好的"第一印象"，引起了对方对他的兴趣，从而为自己赢得了一份工作。这也是为什么当我们进入一个新环境，参加面试，或与某人第一次打交道的时候，常常会听到这样的忠告："要注意你给别人的第一印象噢！"

也许你会好奇，第一印象真的有那么重要，以至于在今后很长时间内都会影响别人对你的看法吗？心理学家曾做过这样一个实验：

心理学家设计了两段文字，描写一个叫吉姆的男孩一天的活动。其中，一段将吉姆描写成一个活泼外向的人：他与朋友一起上学，与熟人聊天，与刚认识不久的女孩打招呼等；另一段则将他描写成一个内向的人。

研究者让一些人先阅读描写吉姆外向的文字，再阅读描写他内向的文字；而让另一些人先阅读描写吉姆内向的文字，后阅读描写他外向的文字，然后请所有的人都来评价吉姆的性格特征。

结果，先阅读外向文字的人中，有78%的人评价吉姆热情外向；而先阅读内向文字的人中，则只有18%的人认为吉姆热情外向。

由此可见，第一印象真的很重要！事实上，人们对你形成的某种第一印象，往往日后也很难改变。而且，人们还会寻找更多的理由去支持这种印象。有的时候，尽管你的表现并不符合原先留给别人的印象，但人们在很长一段时间仍然会坚持对你的最初评价。例如，一对结婚多年的夫妻，最清晰难忘的，是初次相逢的情景：在什么地方、什么情景，站的姿势、开口说的第一句话，甚至窘态和可笑的样子。这些他们都记得清清楚楚，并终生难忘。

2.成功打造第一印象

知道了第一印象的重要性，现在我们来谈谈应该怎样给人留下良好的第一印象。

通常，第一印象包括相貌、谈吐、服饰、举止、神态，对于感知者来说都是新的信息，它对感官的刺激也比较强烈，有一种新鲜感。这好比在一张白纸上，第一笔抹上的色彩总是十分清晰、深刻的。随着后来接触的增加，各种基本相同信息的刺激，也往往盖不住初次印象的鲜明性。所以，第一印象的客观重要性还是显而易见的，并在以后的交往中起了"心理定式"作用。

如果你与人初次见面就不言不语、反应缓慢，给人的第一印象基本就是呆板、虚伪、不热情，对方就可能不愿意继续了解你，即使你尚有许多优点，也不会被人接受；而如果你给人留下的第一印象是风趣、直率、热情，即使你身上尚有一些缺点，对方也会用自己最初捕捉的印象帮你掩盖短处。

通常来说，想给他人留下良好的第一印象，必须要牢记以下5点：

（1）言行举止讲究文明礼貌

语言表达要简明扼要，不乱用词语；别人讲话时，要专心地倾听，态度谦虚，不随便打断；在倾听的过程中，要善于通过身体语言和话语给对方以必要的反馈；不追问自己不必知道或别人不想回答的事情，以免给人留下不好的印象。

（2）仪表、举止得体

脱俗的仪表、高雅的举止、和蔼可亲的态度等是个人品格修养的重要部分。在一个新环境里，别人对你还不完全了解，过分随便有可能引起误解，产生不良的第一印象。当然，仪表得体并不是非要用名牌服饰包装自己，更不是过分地修饰，因为这样反而会给人一种轻浮浅薄的印象。

（3）显露自信和朝气蓬勃的精神面貌

自信是人们对自己的才干、能力、个人修养、文化水平、健康状况、相貌等的一种自我认同和自我肯定。一个人要是走路时步伐坚定，与人交谈时谈吐得体，说话时双目有神，目光正视对方，善于运用眼神交流，就会给人以自信、可靠、积极向上的感觉。

（4）微笑待人，不卑不亢

第一次见面，热情地握手、微笑、点头问好，都是把友好的情意传递给对方的途径。在社会生活中，微笑已成为典型的人性特征，有助于加深人们之间的交往和友谊。但与别人第一次见面，笑要有度，不停地笑有失庄重；言行举止也要注意交际的场合，过度的亲昵举动，难免有轻浮油滑之嫌，尤其是对具有一定社会地位的朋友，不应表露巴结讨好的意思。趋炎附势的行为不仅会引起当事人的蔑视，连在场的其他人也会瞧不起你。

（5）讲信用、守时间

在现代社会，人们对时间越来越重视，往往把不守时和不守信用联系在一起。若你第一次与人见面就迟到，可能会造成难以弥补的损失，最好避免。

交际需要适当的距离

1.保持一定的"距离"

生物学家做过一个实验：在冬季的一天，把十几只刺猬放到户外空地上。这些刺猬被冻得浑身发抖，为了取暖紧紧地靠在一起，而相互靠拢后，它们身上的长刺又把同伴刺疼，因此很快就分开了。但寒冷又迫使大家再次围拢，疼痛又迫使大家再次分离。如此反复多次，它们终于找到了一个较佳的位置——保持一个忍受最轻微痛感又能最大限度取暖御寒的距离。其实，人与人之间亦是如此，良好交际需要保持适当的距离。

这种距离，有时是环绕在人体四周的一个抽象范围，用眼睛没法看清它的界限，但它确确实实存在，而且不容他人侵犯。

当别人过于接近你时，你可以通过调整自己的位置来逃避这种过近的不适感。

关于这方面，一位心理学家曾做过这样一个实验：在一个刚刚开门的阅览室里，当只有一位读者时，心理学家进去拿了把椅子，坐在那位读者的旁边。实验对80个人进行验证，结果证明，在一个只有两位读者的空旷阅览室里，没有一个被试者能够忍受一个陌生人紧挨自己坐下。当他坐在那位读者身边后，被试者不知道这是在做实验，很多人选择默默地到别处坐下，甚至还有人干脆明确表示："你想干什么？"

这个实验向我们证明了，任何一个人，都需要在自己的周围有一个自己可以把握的自我空间。如果这个自我空间被人侵犯，他就会感到不舒服、不安全，甚至恼怒起来。

所以，我们在现实生活中，在人际交往中，一定要把握适当的交往距离，就像前面互相取暖的刺猬那样，既互相关心，又有各自独立的空间。

2.交际中的距离

既然距离在人际交往中如此重要，那么，究竟保持多远的距离才合适呢？一般而言，交往双方的人际关系以及所处情境决定了人际交往自我空间范围。

美国人类学家爱德华·霍尔博士划分了4种距离，每种距离都与双方的关系相称。

（1）公众距离

通常，这个距离指公开演说时演说者与听众所保持的距离。其近范围为约3.7~7.6米，远范围在7.6米之外。这是一个几乎能容纳一切人的"门户开放"的空间，人们完全可以对处于空间内的其他人"视而不见"、不予交往，因为相互之间未必发生一定联系。因此，发生在这个空间中的活动，大多是当众演讲之类。当演讲者试图与一个特定的听众谈话时，他必须走下讲台，使两个人的距离缩短为个人距离或社交距离，才能够实现有效沟通。当然了，人际交往的空间距离不是固定不变的，它具有一定的伸缩性，这依赖于具体情境、交谈双方的关系、社会地位、文化背景、性格特征、心境等。

（2）社交距离

这个距离比熟人的人际交往距离要大，体现出一种社交性或礼节上的较正式关系。其近范围为1.2~2.1米，一般在工作环境和社交聚会上，人们都保持这种程度的距离；社交距离的远范围为2.1~3.7米，表现为一种更加正式的交往关系。

例如，公司的经理们常用一个大而宽阔的办公桌，并将来访者的座位放在距离桌子有一段距离的地方，这是为了与来访者谈话时能保持一定的距离。

（3）个人距离

这是人际间隔上稍有分寸感的距离，较少有直接的身体接触。个人距离的近范围为46~76厘米，正好能亲切握手，友好交谈。这是与熟人交往的空间，陌生人进入这个范围会构成对别人的侵犯。个人距离的远范围是76~122厘米，任何朋友和熟人都可以自由地进入这个空间。不过，在通常情况下，较为融洽的熟人之间交往时保持的距离更靠近远范围的近距离即76厘米一端，而陌生人之间谈话则更靠近远范围的远距离即122厘米一端。

在人际交往中，亲密距离与个人距离通常都是在非正式社交情境中使用，在正式社交场合则使用社交距离。

（4）亲密距离

亲密距离，即我们常说的"亲密无间"，是人际交往中的最小间隔，其近范围在约15厘米之内，彼此间可能肌肤相触、耳鬓厮磨，以至相互能感受到对方的体温、气味和气息；其远范围是15~44厘米，身体上的接触可能表现为挽臂执手，或促膝谈心，仍体现出亲密友好的人际关系。

　　这种亲密距离属于私下情境，只限于在情感联系上高度密切的人之间使用。在社交场合，大庭广众之下，两个人（尤其是异性）如此贴近，就不太雅观。在同性别的人之间，往往只限于贴心朋友，彼此十分熟识而随和，可以不拘小节，无话不谈；在异性之间，只限于夫妻和恋人。因此，在人际交往中，一个不属于这个亲密距离圈子内的人随意闯入这一空间，不管他的用心如何，都是不礼貌的，会引起对方的反感。

　　了解了交往中人们所需的自我空间及适当的交往距离，我们就能够有意识地选择与人交往的最佳距离；而且，通过空间距离的信息，还可以很好地了解一个人的实际社会地位、性格以及人们之间的相互关系，更好地进行人际交往。

人际交往中的自我暴露定律

1.适当的自我暴露

你有自己的小秘密吗？你是否发现自己与身边最亲密的人往往共同分享着彼此的许多秘密，而对那些交情一般的人，你们之间几乎没有秘密？你还可以回想一下，与最好的朋友的友谊，是不是从那一次你们两人互诉真心开始建立的？想必，你对上述几个问题的答案基本都是"是"。无须奇怪，这就是人际交往中的自我暴露定律。

研究交际心理学的人士曾指出，让人家看到自己的缺点或弱点，人家才会觉得你真实可信、不存虚假，从而产生亲近感；反之，完全把自己"藏起来"，就会使人感觉造作、虚伪、有压力。

小敏是宿舍中最擅长交际的一个，并且人也长得漂亮。但同宿舍甚至同班的其他女孩都找到了自己的男朋友，唯独漂亮、擅长交际的小敏仍是独自一人。

为什么呢？她身边的同学都表示，她太神秘，别人很难了解她。和她有过接触的男同学也说，刚开始和她交往时，感觉她是个活泼开朗的女孩，但时间一长，就发现她喜欢封闭自己。

原来，小敏一直对自己的私生活讳莫如深，也从不和别人谈论自己，每当别人问起时，她就把话题岔开，怪不得同学们都觉得她神秘呢！

　　生活中有一些人相当神秘，当对方向他们说出心事时，他们却总是对自己的事情闭口不谈。但这种人不一定都是内向的人，他们从不触及自己的私生活，也不谈自己内心的感受。

　　人之相识，贵在相知；人之相知，贵在知心。要想与别人成为知心朋友，就必须表露自己的真实感情和真实想法，向别人讲心里话，坦率地表白自己、陈述自己、推销自己，这就是自我暴露。

　　当自己处于明处，对方处于暗处，你一定不会感到舒服。自己表露情感，对方却讳莫如深，不和你交心，你一定不会对他产生亲切感和信赖感。当一个人向你表白内心深处的感受时，你可以感到对方信任你，想和你进行情感的沟通，这就会一下子拉近你们的距离。

　　在生活中，有的人知心朋友比较多，虽然他（她）看起来不是很擅长社交。如果你仔细观察，会发现这样的人一般都有一个特点，就是为人真诚，渴望情感沟通。他们话不多，但都是真诚的。他们有困难的时候，总会有人来帮助，而且很慷慨。

　　而有的人，虽然很擅长社交，甚至在交际场合中如鱼得水，但是他们少有知心朋友。因为他们习惯于说场面话，做表面功夫，交朋友又多又快，感情却都不是很深。他们虽然说了很多话，却很少暴露自己的真实感情。

　　要明白，人和人在情感上总会有相通之处。如果你愿意向对方适度袒露，就会发现相互的共同之处，从而和对方建立某种感情的联系。向可以信任的人吐露秘密，有时会一下子赢得

对方的心，赢得珍贵的友谊。若希望结交知心朋友，你不妨先
对他们敞开你的心扉！

2.暴露自己要有度

人们常说："凡事要有度，凡事不能过度。"一点儿也没
错，在交际中，自我暴露是赢得他人好感的有效方式，但这种暴
露同样要做到"适度"。

小鱼是某大学的研究生，刚入学不久，她就把同班同学
"吓"到了。一天上午课间，坐在前排的她转过身向一位同学
借笔记，笔记还回来时里竟然夹了一张男生的照片，于是，小
鱼打开了话匣子，跟后面的同学聊了起来，说那是她在火车上
认识的新男友，正热恋。她乐此不疲地向同学分享与男友交往
的点点滴滴。

这样的事情有很多，而且她经常不分时间场合随便就跟别人
讲自己的一些私事。到后来，同学们一见到她就躲开了。

从上面的例子我们可以看出，在人际交往的过程中，自我暴
露要有一个度，过度的自我暴露反而会惹人厌。

在人际交往中，自我暴露应注意以下几个问题：

首先，自我暴露应遵循对等原则，即当一个人的自我暴露与
对方相当时，才能使对方产生好感。比对方暴露得多，则给对方
以很大的威胁和压力，对方会采取避而远之的防卫态度；比对方
暴露得少，又显得缺乏交流的诚意，交不到知心朋友。

其次，自我暴露应循序渐进。自我暴露必须缓慢到相当温和
的程度，缓慢到足以使双方都不感到惊讶的速度。如果过早地涉
及太多的个人亲密关系，反而会引起对方的忧虑和不信任感，认

为你不稳重、不敢托付，从而拉大了双方的心理距离。

　　真正的亲密关系建立得很慢，它的建立要靠信任和与别人相处的不断体验。因而，你的"自我暴露"必须以逐步深入为基本原则，这样，你才会讨人喜欢，才能交到知心朋友。

满足别人的需求

1.满足他人，成就自己

最懂得经商的犹太人在用自己的劳动成果进行食品交易时，会背诵一段著名的祷告：人们通过这些言语来感谢上帝创造出这些不完善和拥有众多需求的人。这段祷告让犹太人意识到：帮助别人满足需要或克服别人身上的不足，是一种值得尊敬的生活方式。当你满足了顾客、消费者和老板的需求，无论你是一名拉比（犹太教中的一个特别阶层，是老师也是智者的象征）还是一名宗教组织者，接受报酬是理所当然的事，因为这些钱是你满足别人需求的见证。

其实，无论是在商业行为还是在日常生活中，你只要尊重和满足他人的需求，同时，你的需求也会得到满足。换句话说，如果你有某种个人需求，那么就要去先满足别人的需求。在激烈的商业竞争中，懂得满足消费者需求的企业才能立于不败之地。中国海尔集团是世界白色家电第一品牌，1984年创立于中国青岛。它以满足消费者的需求为第一宗旨。无论是在城市还是乡村，无论是在中国还是欧美，海尔始终根据不同的消费需求研发相应的产品，让消费者用上适合的产品，自己才能获得丰硕的收入，这就是"欲取先予"的真谛。

在日常生活中，无论是与人相处还是要获得成功，都要明白"欲取先予"这个道理。有些人总是打着自己的小算盘，不想付出，只求回报，他们不懂"天下没有免费的午餐"。有些人总是处心积虑地计划着占别人的便宜，这种人迟早会被现实教训，贪小便宜，吃大亏。有些人总是处处替别人着想，先人后己，这样的人往往会得到很多，不仅是尊重、名望，还有财富。这就是大智若愚的吃亏学。看起来你是吃亏了，其实你的需求也得到了满足，并且对方还很高兴地自愿让你满足。

每当你给别人一个微笑的时候，别人也会还你一个微笑。你想别人怎么对你，你就得先怎么对别人。

2.有付出才有回报

"欲取先予"，说起来容易做起来难，人天生都是有些自私的，而且往往还伴随着一些虚荣，谁会甘心先为别人付出，谁会愿意先满足别人呢？如果我满足了别人，别人不来满足我，那我岂不是很吃亏吗？一般的人都会有这种顾虑，但是那些能成就大业者或生活中的强者，却从来不会计较这些，因为他们明白：有付出才会有回报。

如果不付出，虽然没有失去，但也没有得到，没有得到就是失去。无论你付出了什么，你总会有所收获。当然这里的收获也许不是你所期望的，但是可能会比你期望的更多。投之以桃，才能报之以李，不投自然不报。所以，要懂得为他人着想，懂得为别人付出。

《三国演义》里有这么一个故事：

魏军准备攻打葭萌关，葭萌关告急。刘备派黄忠前去支援。黄忠见魏军将领夏侯尚、韩浩头脑简单，便使了一招骄兵之计，主动出关迎战，然后一连几天都假装打败仗，后退数十里，丢了许多营寨、器械，然后退到葭萌关里，坚守不出。夏侯尚、韩浩自以为得胜，得意扬扬地开始攻打葭萌关。没料到被黄忠迎头痛击，打得落花流水，连韩浩都被黄忠斩杀于马前。黄忠不仅夺回了所有丢失的营寨阵地，还夺取了魏军的粮草重地天荡山，直逼汉中。

"以退为进"是兵家常用之计，其实这中间运用的也是先予后取的道理。自己佯败，让敌人先获胜，这是予；然后借敌人大意之机再转败为胜，这是取。我们的人生也是这样，你只有先给了别人甜头，你才能满足自己的需求。

很早以前有这样一个关于天堂和地狱的故事：

在大家心里，天堂和地狱总是有着天壤之别。

一天，一个使者也是抱着这样的想法，去考察了天堂和地狱。他看到在天堂的每一个人都是红光满面，精神焕发；地狱里的人个个面黄肌瘦，像饿死鬼一样，每天非常痛苦。这更加坚定了他的信念：天堂与地狱差别真是太大了。可是，细问之下他才知道，天堂和地狱的人吃的东西是一样的，用的工具也是一样的。原来他们用的是1米长的大勺子，天堂的人用长勺子互相喂别人食物，所以人人都可以吃到食物；地狱的人只想把装满食物的勺子往自己嘴里送，可是越想吃到东西，就越是吃不到，内心备受煎熬，所以面容枯槁。

天堂和地狱的真实差别就在于，天堂的人懂得互相付出，而地狱的人只想到自己罢了。所以，你如果想过天堂的生活，就要懂得先予后取的道理，这样你内心真正想要达到的目标才会得以实现。如果你只信奉"人不为己，天诛地灭"的信条，那么你就只能像地狱中的饿鬼一样，面容枯槁，事与愿违。只有设身处地地替别人考虑，想他人所想，急他人所急，这样大家才会互相扶助，各得所求，自然其乐融融。这就是所谓的"欲要取之，必先予之"。

我们在做事情的时候，不仅要有"双赢"的思想，而且要有"让对方先赢"的思想。不仅要有思想，而且要落实在行动上。这样我们才能获得想要的成就，才能满足我们内心的需求。就像钓鱼一样，我们必须要先给鱼下饵，才能钓到鱼，而鱼饵越好，你钓的鱼也越大。

喜欢的互逆现象

1.想让对方喜欢你，先喜欢上对方

看看你身边的人，你想过你喜欢的人通常具有哪些特征吗？你喜欢他们，是因为他们漂亮，还是因为他们聪明，或者是因为他们有社会地位？

心理学的研究表明，通常我们喜欢的人，是那些也喜欢我们的人。他们不一定很漂亮，或很聪明，或者有社会地位，仅仅是因为他们很喜欢我们，我们也就很喜欢他们。

那么，我们为什么会喜欢那些喜欢我们的人呢？这是因为喜欢我们的人使我们体验到了愉快的情绪，一想起他们，就会想起和他们交往时所拥有的快乐，这使我们看到他们时，自然就有了好心情。

而且，那些喜欢我们的人使我们受尊重的需要得到了满足。因为他人对自己的喜欢，是对自己的肯定、赏识，表明自己对他人或者对社会是有价值的。

有心理学家曾做过这样一个实验：让被试者"无意中"听到一个刚与他说过话的伙伴告诉主试者喜欢或不喜欢他。接着，当这些同伴和被试者在一起工作时，被试者的面部表情会因他们听到的内容而异。当被试者听到同伴喜欢他们时，他们会比在听到同伴不喜欢他们时在非言语表现上更积极。另外，

后来的书面评定显示，被喜欢的被试者比不被喜欢的被试者更多地被同伴吸引。

其他的研究也证明了相似的结果：人们对那些他们认为喜欢他们的人持更积极的态度。这就是喜欢的互逆现象。

对于喜欢的互逆现象，戴尔·卡耐基在著作《如何赢得朋友及影响他人》中提到，人们获得友谊的最好方式是"热情友善地称赞他人"。但是，在我们为赢得他人友谊而不遗余力地去赞美他人之前，我们需考虑一下情境，有时赞美并不一定能导致喜欢。

喜欢的互逆性规律也有例外发生，其中之一就是当我们怀疑他人说好话是为了他们自己时，别人的赞美并不会导致我们去喜欢他。此外，对那些自我评价很低的人来说，喜欢的互逆性也不会发生。因为他们可能认为喜欢他的人没有眼光，并且因此而不去喜欢那些人。

在生活中，有很多这样的情况，就是两个人的相互喜欢是由一个人对另一个人单方面喜欢开始的。比如，一个女孩开始时对一个追求她的男孩并没有多少好感，但是这个男孩子表现出了对她特别喜欢的态度，久而久之这个女孩也对这个男孩动心了，最后接受了他的追求。

当然，这个规律也不是绝对的。有时我们会喜欢某个并不喜欢我们的人，相反，我们不喜欢的人有时却很喜欢我们。我们只能说在其他一切方面都相同的情况下，人有一种很强烈的倾向，喜欢那些喜欢我们的人，即使他们的价值观、人生观都与我们不同。

2.喜欢是相互的

喜欢是一种相互的行为。你喜欢的人，往往也会喜欢你；你讨厌的人，往往也都讨厌你。

一位班主任曾经做过一个实验，让全班同学把自己讨厌的人的名字写在纸条上交给他。结果，在班上有许多讨厌对象的人，也是其他人最讨厌的人；在班上几乎没有讨厌对象的人，也是全班人缘最好的人。

所以说，喜欢和讨厌都是相互的，双方都能体会得到。

在人际交往中，有一种自然的吸引力，那就是人们都喜欢与喜欢自己的人交往。而决定一个人是否喜欢另一个人的强有力因素就是：另一个人是否喜欢他。人们都不喜欢碰壁，也不喜欢自讨没趣。所以，他们往往会选择那些喜欢他们的人作为朋友和伴侣。

让别人喜欢你，是社交中非常重要的技能。只有让别人喜欢你，别人才会愿意与你交往。其实，让别人喜欢你，并不是一件很难的事。你只要懂得尊重别人、认可别人、赞扬别人，也就是说，你只要让别人明白你喜欢他，那他就很有可能会喜欢你。

善于发现别人身上的优点，找到别人感兴趣的话题，让对方感觉到你对他的关注和喜欢，这些都是社交中的制胜法宝。

著名销售专家伍奇先生就曾说过："推销员必须了解自己公司的产品，并且对产品有信心，工作勤奋，富有热情。但是，其中最重要的一点是他一定要喜欢别人。"要想获得别人的喜欢，就要先表现出喜欢别人，推销产品也是在推销自己，只有让顾客喜欢你，才能让顾客对你的产品产生兴趣。

在社交中，人们更需要推销自己，只有让别人喜欢你，别人才会愿意与你来往。人与人相互喜欢，可以强化人际间的吸引。这种吸引就像一种魔力，人们很难挣脱开。所以，在日常交际中，不要轻易说出别人不喜欢听的话，批评或指责别人，更不能嘲笑或轻视别人，也不要表现得太过冷漠；要积极、热情、友善地对待别人，多看到对方的优点，适时地称赞别人，并向对方学习；但也不要一味地奉承，这也会让别人厌恶，只要适当地表达出你喜欢对方的意思就可以了。

　　每个人都希望自己能够得到别人的认可、尊重、欣赏和称赞。就像成功学大师卡耐基说的那样："不管是屠夫，或是面包师，乃至宝座上的皇帝，统统都喜欢别人对我们表示好意。"人们对美言是没有抗拒力的。所以，在人际交往中，我们要尽量地说些别人喜欢听的话，但这也不是为了一些私利而刻意恭维，而是要用我们的真心去发现别人的优点，真诚地表达出欣赏和爱慕之情。相悦定律起效的重要原因是回报心理。俗话说：伸手不打笑脸人。在爱情上，女孩子很难抵挡得住男孩子不断的甜言蜜语，即使她起初对他并不感兴趣。

　　相悦定律的痕迹在生活中比比皆是，但是能真正体会到其中的含义，从而成功运用的人并不是很多。其实，要让别人喜欢你，就要先学会喜欢别人。喜欢是相互的，是要付出的，你只有付出了才会有回报。一个只想到自己的人，很难得到别人的喜欢。因此，从学会喜欢别人开始吧。

"沉默的螺旋"

1.人际中"沉默的螺旋"

"沉默的螺旋"来源于这样一个事实：1965年，德国阿兰斯拔研究所对即将到来的德国大选进行了研究。在研究过程中，两个政党在竞选中总是处于并驾齐驱的状况，研究所第一次估计的结果显示，两党均有获胜的机会。然而6个月后，即在大选前的两个月，基督教民主党与社会民主党获胜的可能性是4∶1，这对基督教民主党在政治上的期望值升高有很大的帮助。在大选前的最后两周，基督教民主党赢得了4%的选票，社会民主党失去了5%的选票。在1965年的大选中，基督教民主党以领先9%的优势赢得了大选。

从这个事件中，我们可以看到这样一个现象：人们在表达自己想法和观点的时候，如果看到自己赞同的观点受到广泛欢迎，就会积极参与进来，这类观点就更易扩散；而如果人们发觉某一观点无人或很少有人理会，即使自己赞同它，也会保持沉默。一方的沉默造成另一方的增势，如此循环往复，便形成一方的声势越来越强大，而另一方沉默下去的发展过程。

这样一来，就会出现一个问题：团队的最后决定意见可能不是其成员经过理性思考之后的结果，而可能是对团队中的主流思想意见趋同后的结果。然而，有时候主流思想所强调的观念，却不一定正确。当团队中的少数意见与多数意见有较大分歧时，少数有可能屈于"主流"的压力，表面上采取认同，但实际上内心仍然坚持自己的观点，这就可能出现某些团队成员心口不一的现象。

2.可特立，但不独行

我们在生活中，总是会与各种各样的人打交道。有熟悉的，也有陌生的；有和善的，也有刁蛮的。而一个人不可能与所有性格的人都相处得融洽。那么，究竟该如何与人相处呢？既要融入大家的队伍中去，又要保持自己的独特性，不在人群中迷失自我。

透过我们身边的一些"沉默的螺旋"现象，我们可以更好地审视我们的生活，从而学会更多为人处世的方法。让"螺旋"在"沉默"中上升，使自己在人际交往中特立，但不独行。我们可以做到如下几点：

第一，尽量融入积极的环境中。

如果身边的人都勤奋好学、朴实稳重，那么你就要尽量融入这样的氛围当中。因为这种主流的行为会给你带来积极的影响。其实，这就是典型的"沉默的螺旋"。生活在这样的环境中，周围人的行为将极大地影响到自身。看到周围的人都在努力，自己也不甘居人后；看到大家都在玩耍，自己也不愿意孤单独处。长此以往，"沉默的螺旋"就会带动你成为一个团队中不可或缺的成员。

第二，勇于在消极的环境中保持自身独特性。

每个人都在不同的环境中扮演着不同的角色，有的环境会带来积极的影响，有的环境容易把人引向歧途。面对身边的不良环境氛围，我们要勇于说出自己的想法，从中挣脱出来。例如，有的学生家庭条件一般，但是周围的同学却花钱大手大脚，经常在吃、穿、玩上面有大笔的开销，甚至荒废了学业。当你意识到身处的环境对自己有消极影响的时候，就不要一味地迁就所谓的"主流思想"，从小的范围内走出来，你会发现，还有更大的、更好的环境可以去融入。

第三，有时要顺其自然，不用刻意进入某个环境。

每个人的思想和心智都会随着年龄的增长而日渐成熟。对于有些问题，就要有自己的判断能力，要正确地进行取舍。也有一些问题无关紧要，自然也就没有必要为了迁就某一方而委屈了自己的心意。比如，身边的人可能在多年奋斗之后都成了有房有车一族，而自己还在奋斗的路上缓步前进着，这时，你不可能因为要进入所谓的"主流社会"而背负大笔的贷款去买房买车。每个人都有自己的人生规划，等到资金积攒够了，为了方便生活，自然可以购置，还没达到那个经济水平，也同样可以生活得轻松愉快。面对物质财富，顺其自然最好，不要过于计较。

生活中的"沉默螺旋"随处可见，既有积极的方面，也有消极的方面。其实，"沉默的螺旋"这个效应本身并无好坏之分，关键要看人们如何利用，从而让它在适当的场合发挥出应有的效力。如果只是人云亦云，那就将使自己变得平庸无奇，失去自身的独特性。因此，我们要跳出"沉默的螺旋"，唯一的出路就是接受百家争鸣的局面，聆听反对者的声音，让真理越辩越明。所以，在与周围的人建立良好人际关系并融洽相处的基础上，我们也要有自己的主见，培养自己辨别是非的能力，凡事三思而后行，不要被别人的言行左右了自己前进的方向。正所谓"有主见才有魅力，有决断才有魄力"。坚持自己的原则和方向，宁做独树一帜的雄鹰，勿做人云亦云的鹦鹉。

钥匙理论

1.交往贵在交心

在心理学上，我们通常说自己是锁，而对象是钥匙。这就是"钥匙理论"。

人与人的交往有很多种，最让人向往的要数"莫逆之交"。每个人都希望别人能理解自己，生活中有知心的朋友。而要得到这些都有一个大前提：那便是你要真心对待他人。把你的真心交给别人，你才能换来别人的真心。

曾经有个郁郁寡欢的青年去找智者抱怨："为什么这个世界上就没有人能懂我？为什么大家都对我如此冷漠？"

智者看了看青年，说道："没有人会理解一个没有真心的人，也没有人会愿意与虚情假意的人做朋友。你回去，用心与人交往，便会找到答案。"

青年以为智者在故弄玄虚，就垂头丧气地回去了。在回家的路上，他看到了一位美丽的姑娘，十分喜欢，心想："这位姑娘正配做我的夫人，凭我的聪明才智肯定能把她娶到手。"

于是，他就开始采取行动，用尽各种讨好的方法，可那位姑娘最终选了别人。

他非常生气地去问那位姑娘："你为什么选他不选我？"

　　姑娘只说了一句话："因为他是真心喜欢我。"

　　又是真心？他想，我又何尝不是真心喜欢你？此事作罢，还是事业为重。这位青年放下了结婚的念头，决定先找份工作。在铺天盖地的招聘广告中，他选中了一家很有实力又能施展他才华的公司。

　　可是结果，他没有被录取。那个平日里看起来傻呵呵的，总让别人占便宜的小马被录取了。他愤愤不平，找老板理论。

　　老板眼皮都没抬，说道："我看不到你的真心，我们公司不需要你这种太有心机的员工。"无奈之下，他只好另找活路。为了生存，他做了推销员。一个月过去了，他作为全公司成绩最差的推销员，面临被辞退的危机。他的上级找他谈话："你知道你为什么卖不出去产品吗？"他摇摇头，说："不知道。""因为顾客感觉不到你的真心。"上级说道。

　　真心到底是什么？他想去问别人，可是他没有可以问的人。与父母从不深入交谈，朋友都是点头之交，同事更是利益关系。他感到自己的人生很失败，就再次去找智者，希望智者能告诉他真心是什么。智者没有说话，而是站起来给了他一个拥抱，并轻轻地抚摸他的头发。在那一瞬间，他突然情不自禁地痛哭流涕，满腹委屈都化作泪水流了出来。也就在那一瞬间，他明白了什么是真心。真心就是发自内心地，没有半点虚假、半点伪装，心甘情愿地对一个人好。

　　其实，人与人之间交往，不需要太多的技巧、太多的手段，只要付出真心就足够了。

　　真心能攻破铜墙铁壁，能抵过千军万马。人与人的交流，贵在交心。心与心的碰撞，才能产生共鸣，彼此知心。不要抱怨别人不理解你，你要先为别人打开你的心门；不要抱怨别人不和你做朋友，你要先学会用心与人交往；不要抱怨这个世道太坏、好人太少，无论是谁你都真心对待，你就会看到另一片蓝天。

人际交往中，与他人真心相待，我们才不会感到孤单寂寞。

2.真情实感最动人

最能打动人心的美文，是有真情流露的文章；最动人心弦的表演，是充满真情的演示；最让人不能忘怀的形象，是充斥着真情实感的人物。普天之下，最能打动人心的非"真情实感"莫属。真情实感是一种态度、是一种表现、是一种品性。只有充满真情实感的人，才能打动别人的心。

在森林深处有一座城堡，据说里面藏满了宝物。住在城里的三兄弟决定去寻宝。老大拿了一把力大无比的铁锤，老二选了一把聪明无敌的钢锯，老三则挑了一把不起眼的钥匙。他们花了三天三夜，终于找到了那个城堡。城堡很高，城门很结实，城门上的锁很沉重。三个人商量了一下，达成共识：进入城堡唯一的方法就是打开城门上的锁。可如何打开呢？这时力大无比的铁锤毛遂自荐，对他的主人说："主人，我力大无比，定能敲碎这城门上的锁。"老大想了想，觉得有道理。就让两个兄弟后退，自己拿着铁锤开始砸锁。可是任凭老大如何用力，那锁还是纹丝不动。最后，他不得不放弃。这时，聪明无敌的钢锯说话了："这样硬砸是不行的，得用巧劲，主人，你拿着我试试！"老二听后，就拿着钢锯上前。找出最容易锯断的地方，用最省力的方法，开始拉锯。可是无论老二如何取巧，那锁还是没有一点儿变化。这时，那只被人遗忘的钥匙突然说话了："主人，你用我试试！"老三还没有任何表示呢，那铁锤和钢锯就叫嚣起来了："就凭你？我们这般强壮、聪明都不行，看你那弱不禁风、呆头呆脑的样子，怎么可能行？"老大、老二也觉得这钥匙不靠谱。可老三认为，还是试一试为好。结果，没想到老三把钥匙插进锁眼里，轻轻一扭，那锁竟开了。大家都很惊讶，只有钥匙很平静地说："这没有什么，只因我懂它的心。"

这一句"我懂它的心"，透出多少真情来。打动那"无坚不摧"之锁的竟是一把小小的钥匙。在生活中，有很多这样的情况。即使冷若冰霜的人，只要你对他流露出真情实感，他也会被你融化。在人际交往中，不要把自己包得太严，藏得太深，这样你永远也交不到知心的朋友。在与人交往时，更要懂得付出真情，用你的真情实感去打动别人，这是最容易被人忽视却又最有效的武器。

电影《律政俏佳人》，讲的是一位非常可爱的小姑娘，在法律界和政界取得成功的故事。而她之所以能取得成功，就是因为她从来没有忘记人类最根本的东西，用她的真情打动了与她交往的每一个人。律师往往为了案件的胜利不择手段，官员往往为了个人的利益不顾一切，而女主角却给他们上了一课，用自己的真情实感打动了他们，唤醒了他们的良知。

世界上有很多规则，有很多限制，有很多危险。因此，这个世界更需要真情实感。永远不要让一些外在的东西蒙蔽了你的心智，用你的真心来面对这个世界，用你的真情实感来打动你身边的每一个人。这也是最简单、最有效的生活社交法则。

7

Chapter 7

墨菲定律与投资意识

市场唯一不变的就是它永远在变

投资市场是有规律的。当我们刚刚进入这一领域时，我们会觉得那些规律既多又难，有时甚至很玄。后来随着知识的增长和经验的积累，我们好不容易掌握了一些规律，但操作后发现又错了，因为规律变了。

熟知墨菲定律的人都知道，市场运动永远处于不确定之中，换言之，市场唯一不变的就是它永远在变。时间越长，不确定性就越大。价格运动的本质具有高度的随机性，其方向只有可能性，没有绝对性。在操作规程中，任何分析和预测的可靠性都值得怀疑。在价格运动趋势发生转折之前，主观的判定既不明智，又风险巨大。

"市场永远是对的，出错的永远是自己。"这句格言是成熟的市场投资者必须时时刻刻牢记的。墨菲定律告诉我们，人类有其自身的局限性，任何人的主观愿望都不可能左右这个市场。市场按照它自己的方式，走出了曲折的历史轨迹。

实践证明，无论人们怎样精密分析，正如墨菲定律所揭示的那样，出错的可能性仍然存在。预测只能提供事件的可能性，不能提供事件的确定性，分析结论必须由市场印证。不要迷信你的分析，当市场已经证明你错了，你一定要坚决、果断地改正。

控制理财过程中的风险

谈到理财，很多做投资理财的人出口便是"你不理财，财不理你"。这句话形象、简洁，直接告诉你不理财的后果。当然，这种说法也很有道理。谁都知道，天上不会自动掉馅饼。

但是，这句话并不完全正确。

你不理财，财就一定不理你吗？显然，没有绝对的答案。比如，一些人在某一领域不断积累，达到一定的知名度后，财富就源源而来。典型的例子，像不少明星、名人，成名前不名一文，蹿红后赚的钱都是天文数字，而他们根本不懂什么理财，只知道把自己擅长的事情做好就行了。

如此说来，"你不理财，财不理你"不一定成立。相反，如果你理财了，财就一定会理你吗？其实也未必。

墨菲定律告诉我们，如果某件事有可能变坏的话，这种可能就会变成现实。理财既有可能使财富增加，也有可能使财富减少。特别是对那些不懂理财和心态不好的人来说，很容易受到墨菲定律的捉弄。

我们需要管理的，其实是我们的欲望，而不是我们的财产。有些投资者过于激进，将所有的金钱、时间都用在投资理财上，只为达成一夕致富的目标。然而，根据统计结果表明，只有不到10%的投资者能幸运地美梦成真。

理财不是上街买白菜，是很专业的事。对于有正当职业而又不懂理财的人来说，只拥有一张银行卡并不是什么丢脸的事。如果没有分析图表、研究走势的天赋，又何苦非要为难自己？

是否理财是道选择题，要视自己的情况来选择。当然，如果你很想理财而自己又缺乏相关知识，也可以请专业的理财规划师帮忙。但你仍然要牢记墨菲定律，注意控制理财过程中的风险。

任何事都没有表面看起来那么简单

如果你懒得理财或不懂理财，自然可以选择不理财；但如果你有理财的能力和兴趣，那就不要把钱全部存到银行。因为，靠存钱发财是不现实的。

墨菲定律提示我们：任何事都没有表面看起来那么简单。把钱存银行表面上看能得到利息，实际上你并没有占到便宜，甚至有时还吃亏了。

银行的首要功能是社会性的，银行是聚集社会闲散资金的场所。通过聚集这些社会上的零星资金，积少成多。你存到银行的钱虽然数目不变，但是经过整合，它的功能（注意不是它的价值）越放越大，它的作用由贷款利息来补偿，而存款人得到的仅是存款利息，显然后者低于前者。

从现在开始，假设你每年能够存下1.4万美元，存下的钱都能投资到某个项目上，并获得年均20％的投资利润率的话，持续40年，你能积累多少财富呢？

一般人计算出来的金额，多数在200万~800万美元，最多的也不会超过1000万美元。然而依照财务学计算复利的公式，正确的答案应该是1.028亿美元，一个众人不敢想象的数额。

这意味着，一个20多岁的上班族，如果依照这种方式进行投资创业，到60岁时，就能成为亿万富翁。

如果你把同样数额的钱存进银行，按照年利率5％计算，40

年后你仅可以积累169万美元。与投资利润相比，两者收益竟相差60多倍。更何况，货币价值还有一个隐形杀手——通货膨胀。

钱，是不是不要存银行呢？当然不是！不要把大钱存入银行，小钱还是要放一点儿的，以方便日常生活之用。现在银行各地联网，随用随取，的确是我们存放日常生活所需流动资金的好地方。

世上没有绝对的"保险"

很多人以为自己了解墨菲定律，所以尽力远离风险，专挑保险的事做，其实他们可能忘了，世上没有绝对的"保险"，过度追求"保险"，反而成了一种风险。这也是墨菲定律具有哲学性的一种体现。

把钱存银行无疑很保险，但如果你有能力做投资，就需要多一点儿勇气。太保守，专挑胜率高的事情做，并不一定有利。

举个例子，假设有两种情况：其一，给你30美元，然后给你一个机会掷硬币，如果硬币正面朝上，你就赢9美元，否则，你就输9美元，你掷不掷？

其二，给你1美元，然后还用掷硬币来决定，如果正面朝上你可得39美元，加上一美元，共可得40美元；如果反面朝上你可得21美元，但要减去一美元，共可得20美元。你掷不掷？

第一种情况是，获得39美元与获得21美元各有50％的机会，但有关研究发现，第一种情况下，有70％的人愿意赌一赌。因为这种风险不大并且有30美元作"保底"，所以很多人愿意干。而在第二种情况下，则只有20％的人愿意冒险，简言之，当人们认为他们只可得到1美元时，他们就不愿意冒这个风险。

事实上，正是这种保守心理阻止了许多人致富。

一般保守的人比较关注盈利的成功率，而忽视整体的收益，实际上，最后的结果不但不能盈利，本金还会亏损。

低风险未必盈利，高风险未必亏损。同理，胜率高未必盈利，胜率低未必亏损。所以，在做投资前你要算好成本收益账，看看你能在成功的交易中盈利多少？然后，你就能知道，是那些看起来比较保险的事情值得做，还是那些看起来有风险的事情值得做。

重视合理的资金风险控制

墨菲定律指出，只要有可能出错，迟早都会出错。在投资市场这个充满风险和错误的地方，更是如此。任何一个投资者，如果不重视正确的资金管理、合理的资金风险控制，必然会被无情的市场所埋没。

在风云变幻的股市交易中，理论、理念以及技术固然重要，但有效的资金管理显得更为重要。广大投资者，特别是中小投资者，一定要多一分清醒、多一分理性，把墨菲定律的告诫铭记心中，做好风险控制。

对投资者来说，控制风险的手段有很多，而止损一直是最重要的，也是最终的风险控制手段。在投资市场中，谁也不能保证每次都能胜利归来。由于种种原因，任何一个投资者不可能总是做出正确的决定。一旦市场的变化与我们的预期相反，你的收益由盈转平，再由平转亏，这时你要承认失败，及时止损，切忌一味等待解套。你要明白，即使是铩羽而归，也比全军覆没要好得多。

许多投资者反对止损，事实上合理地止损往往相当有用，自救策略的核心在于首先不让亏损继续扩大。投资者常常因为赚钱的诱惑而忽视风险，导致不赚反赔，一时被套则可能为了等待解套，而导致套牢加深直至万劫不复，他们都忘记了在任何时候，保本都是第一位，赚钱是第二位的道理。因此，套牢以后不让亏损扩大到不可收拾的地步比解套更重要。

关于止损的重要性，专业人士常用鳄鱼法则来说明。鳄鱼法则的原意是：假定一只鳄鱼咬住你的脚，如果你用手去试图挣脱你的脚，鳄鱼便会同时咬住你的脚与手。你愈挣扎，就被咬住的越多。所以，万一鳄鱼咬住你的脚，你唯一的机会就是牺牲一只脚。在投资市场里，鳄鱼法则就是：当你发现自己的交易背离了市场的方向，必须立即止损，不得有任何延误，不得存有任何侥幸。

股票投资大师威廉·江恩说，在股市上有24条永恒的原则，其中，第一条原则就是资本的安全，只有在保障资本安全的情况下才能说到获利。而第二条原则是设置止损单。在江恩的理论中最重要的就是止损单的设置，在其所写的书中，基本上每一页都出现了"止损单"这三个字，充分说明了止损单的重要性。同时，止损单不仅保证了资本的安全，而且保护了自己的利润。

人们有一件事比犯错误更要命，那就是坚持错误。所以，每一个投资者都应该有这样的思想：宁可放弃我们的高见，也不要丧失我们的金钱。

人们有能力及早地纠正自己的错误，其实是一件值得自豪的事。坦然面对错误的止损，不要回避，更不必恐惧，只有这样，才能正常地进行市场交易，并且最终获利。

"被损失"的收益

有些人有点闲钱，但自己又不会做投资理财，看到一些银行宣传的理财产品，就心想：反正钱在银行里存着也是存着，不如交给银行理财。

正如墨菲定律所说：没有任何事情如表面看起来那么简单。无论你购买的银行理财产品最后能不能获得预期的收益，在你购买之初就已损失好几天的收益了。

所有银行理财产品都有一个募集期，募集时间各有不同，但多数在3~7天。如果有个别预期收益率较高的产品发售，基本募集的第一天就已经售罄，投资者只有赶早"抢"，而银行的募集期是不会提前终止的。也就是说，直到募集期结束，才按照理财产品的预期收益率开始计算收益。换句话说，投资者购买之初就已经"被损失"了2~6天的收益（只有微薄的活期利息）。

银行理财产品到期后，从产品到期日到理财资金到账日之间，一般还会有几个工作日的时间差，在这段时间，你的理财资金既没有理财收益，也没有活期利息。不要小看这段时间的收益损失，如果将这些损耗折算进购买理财产品的收益中，银行理财产品的预期收益率实际上并没有那么高。

这种情况还算好的，只是少了一些收益，不至于使你的本金减少。而有些银行和机构，说的是帮人们理财，实际上却是设置

"陷阱"。有些人用百万资金委托炒股，3年时间内炒得血本无归；有些人账户上的股票被券商经纪人每天买进卖出，市值损失几十万元；有些机构投资万能险，资金不仅没增值，反而损失了不少；有些号称"免费赠股"，客户交了手续费，最后股票和钱都没了……上述情况，有些是出于恶意，有些则是金融机构在推介时涉嫌虚假陈述，一般不容易被识别。

金融产品不像其他消费品，一旦产生"质量"问题，由于举证困难等原因，投资者的损失通常很难挽回。金融机构借理财名义频频设置的陷阱有很多，因此，在选择理财产品时，投资者要擦亮眼睛。

第一，投资者要增强风险意识，选择有资质的机构购买理财产品，看清相关合同条款，根据购买能力进行理财。

第二，不做自己不懂的投资。投资者应对新型理财产品的期限、费用、风险情况、客户的权益与义务作全面详细的了解，才能有效地保障自己的利益。

第三，永远不要去吃天上掉下来的馅饼。超越市场一般水平的高收益、大牛市的说辞是理财陷阱的主要诱饵。克服贪婪心理、保持合理的收益预期则是保持头脑清醒的最好法宝。

第四，预留备用金，不要把所有的钱都拿去投资理财。投资者必须有一定数目的储蓄，以防范自己或家人可能面临的突发事件。

高收入不一定意味着富有

墨菲定律强调做事要谨慎周全，如果片面考虑问题，就无法达到预想的结果。在理财上，我们一方面要开源，另一方面也要节流。因为高收入不一定意味着富有，那种毫无节制的生活方式，足以把比你富有无数倍的人都送进无底的深渊。

泰森在他20年的拳击生涯中至少赚进4亿美元，但在即将迎来39九岁生日时，他竟然负债3800万美元。虽然他拥有一些资产——豪宅、名车、珠宝，但据知情人士估计，这些资产的总值不超过300万美元。

但泰森不认为自己贫穷，而这也正是他变得如此贫穷的原因之一。钱进来得越快，出去得也就越快，关于他挥霍无度的传闻不胜枚举：泰森花钱雇用的人数多达两百个，包括保镖、司机、园丁、厨师等。

他的花费还包括：450万美元花在汽车及摩托车上，340万美元花在衣服、珠宝上，两只白色的孟加拉虎价值14万美元，花了41万美元举办生日派对，驯兽师每午薪资要12.5万美元，送第一任明星妻子罗宾价值200万美元的浴缸，780万美元花在"个人开销"上。

泰森赚钱的速度总也赶不上他挥霍的速度，所以负债累累，而他更是饱尝苦果。

事实证明，一些毫无意义的盲目消费，是吞噬我们金钱的黑洞。想做好理财，你应该有物超所值的观念，或最起码你要懂得什么叫物有所值。

在盲目消费中，最主要的就是冲动消费，特别是女性，更为普遍。几乎每个女人的衣柜里都有几件只穿过一次甚至从来没穿过的衣服，鞋柜里也都有那么几双永远闲置的鞋子。

冲动消费不仅掏空了我们的钱袋，同时，也使我们的心灵更加空虚。其中，一些购物成癖的人，则需要接受心理咨询与治疗。墨菲定律说人无法避免犯错，的确，我们每个人都会"犯错"，都有禁不起诱惑的时候，但不能总是这样。因此，我们要有意识地减少"冲动消费"发生的次数。

约束就是克制自己，针对"冲动消费"，有效的约束方法就是合理预算，并严格执行。有效执行的一个简单的技巧就是逛街时身上尽量少带钱，也不带信用卡，只买那些已经计划好了的东西。对于"不花光钱不回家"的冲动型消费者来说，这个方法非常有效。